农产品安全

全程质量管控

◎田敬园 赵 凯 程节波 主编

中国农业科学技术出版社

图书在版编目(CIP)数据

农产品安全全程质量管控 / 田敬园，赵凯，程节波主编. --北京：中国农业科学技术出版社，2023. 3（2025.4 重印）

ISBN 978-7-5116-6218-7

Ⅰ. ①农… Ⅱ. ①田… ②赵… ③程… Ⅲ. ①农产品-质量管理-安全管理-研究-中国 Ⅳ. ①F326. 5

中国国家版本馆 CIP 数据核字(2023)第 039117 号

责任编辑 周 朋
责任校对 王 彦
责任印制 姜义伟 王思文

出 版 者 中国农业科学技术出版社
北京市中关村南大街 12 号 邮编：100081
电 话 (010) 82106631（编辑室） (010) 82109702（发行部）
(010) 82109709（读者服务部）
网 址 https://castp.caas.cn
经 销 者 各地新华书店
印 刷 者 北京中科印刷有限公司
开 本 140 mm×203 mm 1/32
印 张 5. 5
字 数 143 千字
版 次 2023 年 3 月第 1 版 2025 年 4 月第 3 次印刷
定 价 36. 00 元

《农产品安全全程质量管控》
编委会

主　编：田敬园　赵　凯　程节波

副主编：李　俊　陆　宇　侯　隽　李　强
郭　璞　郭蕊平　杨露露　贺　喻
宋喜芳　乔　丽　邱振超　刘新文
徐玉英　张芯语　乔瑞英　陈建军

前　言

民以食为天，食以安为先。

农产品质量安全是食品安全的重要源头，不仅关系着人民群众的身体健康和生命安全，还关系着农业农村经济的可持续发展。随着我国经济的持续快速发展和人们食品安全意识的不断提高，人们对农产品的消费需求快速增长，同时也对消费品的质量、安全等方面提出了更高的要求。

为回应社会的关切，2022 年修订的《中华人民共和国农产品质量安全法》进一步完善了农产品质量安全监管制度，强化了法律责任和处罚力度，实现了“从田头到餐桌”的全过程、全链条监管，为推动全面提升农产品质量安全治理能力、稳步提升绿色优质农产品供给能力，构建高水平监管、高质量发展新格局提供了有力的法治保障。

本书在深入学习《中华人民共和国农产品质量安全法》的基础上，结合我国农产品质量安全现状，围绕农产品安全全程质量管控，从农产品质量安全概述、农产品安全监管体系、农产品安全质量控制体系、影响农产品质量安全的因素、农业投入品管控、农产品生产环境管控、农产品加工过程质量管控、农产品流通环节质量管控、农产品质量安全认证等方面进行了详细介绍。本书内容丰富、技术先进、语言简单、实用性强，不仅可作为农产品质量安全培训教材使用，也可作为广大农民朋友阅读、借鉴和学习的参考书。

由于时间仓促，作者水平有限，书中难免存在错误和不足之处，欢迎广大读者批评指正！

编　者

2022 年 12 月

目　　录

第一章　农产品质量安全概述

第一节　基本概念

一、农产品

根据《中华人民共和国农产品质量安全法》第二条的规定，农产品是指来源于种植业、林业、畜牧业和渔业等的初级产品，即在农业活动中获得的植物、动物、微生物及其产品。这些产品包括在农业活动中直接获得的未经加工的以及经过分拣、去皮、剥壳、粉碎、清洗、切割、冷冻、打蜡、分级、包装等粗加工，但未改变其基本自然性状和化学性质的初加工产品。

二、农产品质量安全

随着经济的发展，人民生活水平不断提高。现在人们不仅要求吃得饱，而且还要求吃得好，也就对农产品质量的要求越来越严格。通常所说的农产品质量既包括涉及人体健康、安全的质量要求，也包括涉及产品的营养成分、口感、色香味等非安全性的一般质量指标。广义的农产品质量安全是农产品数量保障和质量安全，《中华人民共和国农产品质量安全法》对农产品质量安全的定义为：农产品质量达到农产品质量安全标准，符合保障人的健康、安全的要求。“数量”层面的安全是

"够不够吃"的问题，"质量"层面的安全是要求食物的营养卫生，对健康无害。狭义的农产品质量安全是指农产品在生产加工过程中所带来的可能对人、动植物和环境产生危害或潜在危害的因素，如农药残留、兽药残留、重金属污染、亚硝酸盐污染等。

农产品来源于动物和植物，受各种污染的机会很多，其污染的方式、来源及途径是多方面的，在生产、加工、运输、储藏、销售、烹饪等各个环节均可能出现污染，因此食用农产品质量安全不仅仅局限于生物性污染、化学物质残留及物理危害，还包括如营养成分、包装材料及新技术等引起的污染。

农产品质量安全必须符合国家法律、行政法规和强制性标准的规定，满足保障人体健康、人身安全的要求，不存在危及健康和安全的因素。农产品中不应含有可能损害或威胁人体健康的因素，不应导致消费者急性或慢性毒害，或感染疾病，或产生危及消费者及其后代健康的隐患。

三、农产品质量安全水平

一般来说，农产品质量安全水平是一个国家或地区经济社会发展水平的重要标志之一。农产品质量安全水平是指农产品符合规定的标准或要求的程度，这种程度可以是正的，也可以是负的。负的农产品质量安全水平，即农产品质量不安全，其特点如下。

（一）危害的直接性

农产品的质量不安全主要是指其对人体健康会造成危害。大多数农产品一般都直接被消费或加工后被消费。受物理性、化学性和生物性污染的农产品均可能直接对人体健康和生命安全产生危害。

（二）危害的隐蔽性

农产品质量安全的水平或程度仅凭感观往往难以辨别，需要通过仪器设备进行检验检测，有些甚至还需要进行人体或动物试验后确定。由于受科技发展水平等条件的制约，部分参数或指标的检测难度大、检测时间长。因此，质量安全状况难以得到及时准确判断，其危害具有较强的隐蔽性。

（三）危害的累积性

许多有毒有害物质在环境中会存留很长的时间而不被降解。动植物从环境中摄取它们，并在体内蓄积。当这些物质在食物链中向上流动，浓度会增加，在人体和环境中长久停留，会给动植物和人类带来广泛的毒性效应。不安全农产品对人体危害的表现，往往要经过较长时间的积累。如部分农药、兽药残留在人体积累到一定程度后，就可能导致疾病的发生并进一步恶化。

（四）危害产生的多环节性

农产品生产周期长，产业链条复杂，区域跨度大。农产品生产的产地环境、投入品、生产过程、加工、流通、消费等各个环节，均有可能对农产品产生污染，引发质量安全问题。如化肥、饲料、农药、兽药等农产品投入品及加工过程中使用的添加剂均有可能带来农产品质量安全隐患。

（五）管理复杂性

农产品属于第一产业范畴，生产周期长，产地环境是完全开放的自然地理环境，很难人为控制，加之我国农业生产规模小，生产者以高度分散的小规模农户为主，规模化、组织化、机械化程度均很低，且生产者经营素质不高，污染农产品的途径较多。农产品质量安全管理涉及多学科、多领域、多环节、多部门，控制技术相对复杂，致使农产品质量安全管理难度大。

第二节　农产品质量安全发展现状

一、农产品质量安全取得的成绩

近年来，各级农业农村主管部门认真落实党中央、国务院决策部署，把农产品质量安全摆在重要位置，大力推进质量兴农、绿色兴农、品牌强农，完善监管机制，加强源头治理、过程管控和风险防控，农产品质量安全总体保持稳中向好态势，国家农产品质量安全例行监测合格率稳定在97%以上，没有发生重大农产品质量安全事件，为保障人民群众“舌尖上的安全”、助力脱贫攻坚和全面建成小康社会作出了积极贡献。

（一）标准化生产全面推进

农产品生产基本实现有标可依，标准化生产基地大幅增加。截至2019年底，我国农药残留限量7 107项，兽药残留限量2 191项，农兽药残留限量及配套检测方法食品安全国家标准总数达到10 068项，基本覆盖我国常用农兽药品种和主要食用农产品。现行有效的农业行业标准达到5 342项。全国共创建农业标准化示范区（县、场）1 800多个，“三园两场”（果菜茶标准化示范园、畜禽养殖标准化示范场、水产健康养殖示范场）近1.8万个，规模种养主体标准化生产意识和质量控制能力明显提高。绿色优质农产品质量认证稳步推进，全国绿色、有机和地理标志农产品数量快速增长，获证产品总数达到4万多个。

（二）追溯管理加快推进

截至2022年7月，国家农产品质量安全追溯平台已与31个省平台和中国农垦追溯平台实现对接，入驻生产经营主体46.5万家，省级追溯平台入驻生产经营主体90多万家，生产经营主

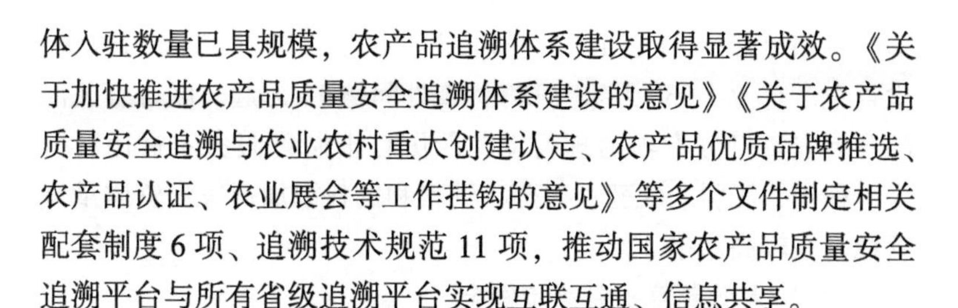

体入驻数量已具规模，农产品追溯体系建设取得显著成效。《关于加快推进农产品质量安全追溯体系建设的意见》《关于农产品质量安全追溯与农业农村重大创建认定、农产品优质品牌推选、农产品认证、农业展会等工作挂钩的意见》等多个文件制定相关配套制度 6 项、追溯技术规范 11 项，推动国家农产品质量安全追溯平台与所有省级追溯平台实现互联互通、信息共享。

（三）监管监测体系不断完善

全国所有省（自治区、直辖市）、88%的地市、全部“菜篮子”产品大县及其乡镇设立了农产品质量安全监管机构，全国农产品质量安全监管及执法人员近 15 万人。农产品质量安全检验检测条件不断改善，检测能力稳步提升。截至 2021 年 6 月，全国有农产品质量安全检验检测机构 2 732 个、检测人员 3.5 万人。农产品质量安全监测计划不断优化，部省两级监测网络基本覆盖全国主要大中城市和农产品产区以及城乡居民主要消费品种。

（四）风险评估和应急处置水平显著提高

成立国家农产品质量安全风险评估专家委员会和农产品质量安全专家组，认定部级风险评估实验室和风险评估实验站，分品种组织实施农产品质量安全风险评估，有效开展风险排查和分析评价等工作。建立全天候舆情信息监测和突发事件应急机制，构建了覆盖主要产区、重点农产品、关键危害因子的农产品质量安全预警网络体系。稳妥处置“大闸蟹二噁英超标”“鸡蛋氟虫腈”“速生鸡”等农产品质量安全舆情事件。

（五）监管执法深入开展

按照中央部署，会同有关部门组织开展农村假冒伪劣食品整治、“不忘初心、牢记使命”主题教育农产品质量安全专项整治行动。组织各地农业农村部门围绕突出问题持续开展农产品质量安全专项整治，“十三五”期间共出动执法人员 1 859. 6 万人次，检查生产企业 1 058 万家（次），查处问题 13 万起。联合有关部门开展农资打假专项治理行动，严厉打击制售假劣农资违法行为，种子、肥料、农药、兽药、饲料和饲料添加剂等农资质量持续稳定在较高水平。

(六) 监管制度机制逐步健全

支持江苏省、山东省等 5 省（市）开展整省创建国家农产品质量安全省，认定国家农产品质量安全县（市）318 个，基本覆盖“菜篮子”大县。2019 年 12 月，农业农村部印发《全国试行食用农产品合格证制度实施方案》。承诺达标合格证制度试行以来，全国各地的农产品批发市场、农产品交易市场和超市随处可见合格证的身影。截至 2021 年底，全国 2 806 个涉农县均开展试行工作，试行范围内 65%的新型农业经营主体常态化开具承诺达标合格证。出台农产品质量安全追溯与农业农村重大创建认定、农产品优质品牌推选、农产品认证、农业展会等工作挂钩意见，推动国家农产品质量安全追溯管理信息平台全面推广运行，部省追溯平台有效对接。国务院办公厅转发市场监管总局、农业农村部《关于加强农业农村标准化工作的指导意见》，推动无公害农产品认证制度改革。

二、农产品质量安全存在的问题

尽管当前我国农产品质量安全水平显著提升，但与全面推进质量兴农的要求相比，我国农产品质量安全还存在一些问题。

(一) 生产经营主体责任难落实

部分生产经营者质量安全意识还不强，禁用药物使用和非法添加、常规药物超剂量使用、违反农药安全间隔期和兽药休药期等问题仍然存在，产品质量安全问题和风险隐患在个别地区、品

种和时段还比较突出。

（二）基层监管能力相对偏弱

农产品分散式生产、分散式上市，客观上要求加大监管巡查力度，加密抽检频次，但基层整体监管缺人手、缺手段的问题突出，难以满足日益增长的监管需求。产后贮运环节监管还较为薄弱，防腐剂、保鲜剂和添加剂违规使用问题仍然突出。

（三）标准化生产水平有待提高

农药兽药残留限量及配套检测方法标准仍有不足，生产技术类标准交叉重复，现代农业全产业链标准化协同推进机制尚不健全，绿色优质农产品比重还不够高，农产品品质评价及分等分级亟待加强。

第三节　农产品质量安全提升措施

一、提升标准化生产水平

（一）推动构建农业高质量发展标准体系

对标“最严谨的标准”，加快构建以安全、绿色、优质、营养为梯次的农业高质量发展标准体系。聚焦农产品质量安全监管需求，推动农药兽药残留标准提质扩面，完善农药兽药残留及相关膳食数据，强化风险评估与标准制定衔接，加快特色小宗作物、小品种动物限量及检测方法制修订，提升农药兽药残留标准的科学性和覆盖面。聚焦稳产保供和绿色发展，加快健全粮食安全、耕地保护、种业发展、产地环境、农业投入品、循环农业等领域标准。聚焦消费升级和营养健康需求，推动建立农产品品质评价和检测方法标准，鼓励制定高于国家和行业标准要求的优质农产品团体和企业标准。新建完善一批农业农村领域标准化技术委员会。积极参与国际食品法典等国际标准制修订，加强技术性贸易措施官方评议，推动国内国际标准互联互通。

（二）大力推进现代农业全产业链标准化

实施农业标准化提升计划，组织开展现代农业全产业链标准化试点，以产品为主线，以全程质量控制为核心，健全完善全产业链标准及标准综合体，编制标准模式图、明白纸和风险防控手册，让生产经营者识标、懂标、用标。推动农垦全产业链标准化生产，推广应用农垦全面质量管理体系。依托农业高质量发展标准化示范项目，打造一批国家现代农业全产业链标准集成应用基地，带动新型农业经营主体按标生产，培育农业龙头企业标准“领跑者”，建立健全标准实施宣贯和跟踪评价机制，推动规模化标准化生产。

（三）推动农产品品质评价

结合农业生产“三品一标”提升行动，推动建立农产品分等分级评价体系。在绿色食品、地理标志农产品等重点领域先行先试，开展农产品特征品质评价，筛选核心品质指标。加强农产品品质研究，分年度分区域识别验证主要品质成分差异，探析不同主栽品种、不同优势产区、不同生产方式差异性规律和影响机制。建立农产品品质成分数据库及应用平台。充分发挥龙头企业、农垦企业和行业协会作用，促进品质评价成果应用，引导农产品优质优价。

（四）稳步发展绿色有机地理标志农产品

围绕“提质量、控增量、稳总量”目标，强化绿色、有机和地理标志农产品认证登记管理。建立健全标准体系，深入开展生产操作规程“进企入户”行动，督促获证企业严格按标生产，建设一批相关生产和原料基地。持续实施地理标志农产品保护工程，强化特性保持和文化挖掘，命名地理标志农产品核心基地，

推动出台地理标志农产品产业发展指导意见，发展“乡愁产品”产业。打造公益性宣传推介平台，持续加强绿色、有机和地理标志农产品品牌和专业市场培育。继续支持脱贫地区发展绿色、有机和地理标志农产品，减免相关认证费用。加快发展名特优新农产品，推动实施良好农业规范，扩大农产品全程质量控制技术体系试点范围。

二、强化风险监测评估

（一）提高风险监测能力

统筹部省工作资源，建立上下联动、各有侧重、协同高效的风险监测工作格局，做到“大宗产品不放松，特色小宗不落空”。聚焦农药兽药残留、重金属、生物毒素等危害因子，逐步扩品种、增参数、加数量，完善国家农产品质量安全风险监测计划。探索应用高通量筛查、不明风险物广谱筛查等新技术，提高风险监测工作效率。针对风险监测发现的问题，加强溯源调查，强化成因分析，挖掘结果应用潜力。加大能力验证、监督检查、跟踪评价力度，规范检测机构运行，保障监测工作质量。

（二）提高监督抽查效能

聚焦重点品种和突出问题隐患，推动日常抽检和突击抽检相结合，飞行检查和暗查暗访相结合，监督抽查与综合执法高效联动，提高监督抽查的靶向性。按照“双随机、一公开”要求，完善农产品质量安全监督抽查制度，促进抽检程序规范化、跟进查处及时化，建立不合格样品定期公布机制。

（三）深入开展风险评估

完善国家农产品质量安全风险评估制度，加强风险评估实验室能力建设，打造体系完备、布局合理、定位清晰、技术一流的风险评估技术支撑体系。推动各省份对区域特色农产品开展风险评估。加强对未知风险的危害识别，科学评估危害程度，提出风险防控技术措施，重点对超范围用药、跨领域交叉用药、生物源危害等开展安全性评估，对由环境污染、气候变化引发的粮食重金属和毒素污染等问题开展跟踪性评估，对农业新技术、新模式、新业态可能产生的农产品质量安全风险开展前瞻性评估。持续关注国际风险评估前沿动态，优化风险评估技术模型，加强风险评估成果转化应用，为标准制修订和科学监管提供支撑。

（四）强化风险交流和科普宣传

充分发挥农产品质量安全专家组、风险评估专家委员会、标准化技术委员会等的作用，引导和鼓励科技人员开展多种形式的常态化科普工作和宣传服务。针对消费者关心的农产品质量安全热点问题，开展科普解读，发布权威信息，回应公众关切。梳理农产品质量安全谣言，协调相关部门对网络谣言加强综合治理，对不实信息及时澄清，教育引导公众“不信谣、不传谣”。组织监管部门、科研院校、行业协会、新闻媒体、社会公众等参与风险交流，开展农产品质量安全知识进校园、进企业、进社区、进农村活动，营造农产品质量安全良好氛围。

三、实施全链条监管

（一）加强投入品监管

严把种子、农药、兽药、饲料和饲料添加剂审批关，将投入品对农产品质量安全的影响作为审批的重要依据。依法从严控制限制农药定点经营网点数量。完善农资购销台账制度，推进种子、农药、兽药的包装、标签二维码标识和电子追溯制度，提升农资监管信息化水平。加强部门协同联动，对网络销售农资加强监管。深入开展农资打假专项治理，加大巡查检查、监督抽查、暗查暗访力度，严防假劣农资流入农业生产领域。加强农资打假

宣传教育，持续开展放心农资下乡进村宣传活动，促进优质农资产销对接。

（二）净化产地环境

建立农产品产地环境监测制度，密切关注重金属等问题，实施耕地土壤环境质量分类管理。持续推进化肥、农药和兽用抗菌药减量化行动，集成应用病虫害绿色防控技术，开展畜禽粪污资源化利用，减少农业投入品过量使用对产地环境的污染。

（三）强化生产过程监管

对标“最严格的监管”，实施乡镇农产品质量安全网格化管理，构建“区域定格、网格定人、人员定责”网格化管理模式。建立健全农业生产经营主体动态管理名录，推广应用信息化手段，依据风险和信用等级实施分级管理、分类指导。落实《乡镇农产品质量安全监管公共服务机构日常巡查工作规范（试行）》，推进日常巡查检查规范化、常态化。针对用药高峰期、农产品集中上市期等关键节点，加大巡查检查频次。坚持巡查检查与指导服务并举，压实主体责任与提升生产者素质并重，推动“产出来”“管出来”水平同步提升。

（四）推进承诺达标上市

加快推行承诺达标合格证制度，制定出台管理办法，推动形成生产者自觉开具、市场主动查验、社会共同监督的新格局。支持各地将承诺达标合格证与参加展示展销、品牌推选、项目申报等相挂钩，推动新型农业经营主体应开尽开。鼓励产地直销农产品带证销售。强化对带证产品的监督管理，督促生产者落实自控自检要求，对承诺合格而抽检不合格的生产主体依法处置纳入重点监管名录。建立健全开证主体信用记录，推动承诺达标合格证制度与市场准入有效衔接。

（五）深化突出问题治理

聚焦突出问题隐患，按照发现问题无死角、解决问题零容忍的要求实施“治违禁、控药残、促提升”行动。落实“最严厉的处罚”要求，严厉打击禁限用药物违法使用行为，加大监督抽查、飞行检查、暗查暗访力度，加强农产品质量安全领域行政执法与刑事司法衔接，强化检打联动，做到有案必移，严惩重处违法犯罪分子。严格管控常规农药兽药残留超标问题，加强安全用药宣传培训，支持加快常规农药残留速测技术发展和推广应用。加强与市场监管等有关部门的协调配合和工作衔接，推动形成监管合力，共同加强暂养池、运输车辆等农产品收贮运薄弱环节监管。

（六）提升应急处置能力

坚持从源头防范化解农产品质量安全风险隐患，强化风险早期识别和预报预警，把问题解决在萌芽之时、成灾之前。全天候开展农产品质量安全舆情监测，加强对重点舆情跟踪研判。修订农产品质量安全突发事件应急预案，明确各行业、各单位责任和措施，组织各地完善本级应急预案，构建上下协同、反应迅速、信息畅通、处置有力的应急机制。积极争取支持投入，加强农产品质量安全应急装备技术支撑，持续开展人员培训和应急演练，提高突发事件应急处置能力。

四、创新监管制度机制

（一）创建国家农产品质量安全县

持续开展国家农产品质量安全县创建，因地制宜探索创新有效监管模式，推进农药实名购买制度，销售农药时实名登记购买人、农药名称、施用作物和用途等。强化宣传和产品推介，提升国家农产品质量安全县影响力和社会知名度。总结推广典型经验，加强示范创建交流，充分发挥辐射带动效应。强化动态核查和跟踪评价，实行定期考核、动态管理，严格退出机制。鼓励有

条件的省份整省创建。

（二）推进信用监管

加快出台农产品质量安全信用管理试行办法，制定信用体系建设基本规范和信用评价等标准。健全完善农产品生产经营主体信用档案，加快信用信息归集共享，广泛开展信用动态评价。强化试点应用，推动试点地区依据主体信用等级开展差异化、精准化监管。创新信用场景应用，探索“信用+合格证”“信用+产品认证”“信用+保险信贷”等模式。对严重失信主体，落实联合惩戒措施，严格限制其参与展示展销、品牌推选、项目申报等。

（三）推进智慧监管

积极推进物联网、人工智能、5G、云计算、大数据、区块链等新一代信息技术在农产品质量安全领域的应用，推动机器换人、机器助人，构建可视、可查、可控的智慧监管新模式。推动“阳光农安”试点，引导生产经营主体采用高清视频和AI识别技术自动记录农事行为，推动生产记录便捷化、电子化，开展远程服务。推进智慧巡查，开发应用便携式移动监管设备，减轻基层监管人员负担，实现巡查检查日常化。推动智慧抽检，全过程自动记录检测行为，实现抽样实时定位、检测信息自动传输，保障检测公正性。建设国家农产品质量安全综合监管平台，强化农产品质量安全大数据应用，推进主体名录、农资使用、质量控制、检验检测、执法处置等信息“一张网”管理。

（四）推进追溯管理

完善产地农产品追溯体系，推进农产品追溯信息贯通产前、产中、产后各环节，并向市场流通和消费端延伸。发挥政府引导、市场驱动、企业主体作用，推动重点品种、重点领域、重点地区农产品追溯先行先试。优化国家农产品质量安全追溯管理信息平台功能，推广信息化追溯技术，总结典型追溯模式，培育选树追溯标杆企业。加强部门协作，推动追溯标准统一、业务协同和数据共享，构建全程追溯机制。

（五）构建农产品“三品一标”新机制

推动出台指导意见，按照新阶段农产品“三品一标”的新内涵、新要求，明确通过发展绿色、有机和地理标志农产品，推行承诺达标合格证制度，探索构建农产品质量安全治理新机制。以规范绿色、有机和地理标志农产品认证管理为重点，引导第三方认证机构积极参与农产品质量安全管控措施落实，强化对获证主体的“他律”。通过扩大承诺达标合格证制度覆盖面，提高社会认可度，引导农业生产经营主体强化“自律”。打造一批农产品“三品一标”引领质量提升的发展典型，推动形成农业生产和农产品两个“三品一标”协同发展的新格局。

（六）推动社会共治

支持各类新闻媒体开展舆论监督，加强宣传引导。完善公众参与机制，畅通投诉举报渠道，鼓励各地建立农产品及农业投入品质量安全问题举报奖励制度。充分发挥行业协会等第三方社会组织的优势，引导农业生产经营主体加强自律、提升能力，鼓励各地通过购买服务等方式支持行业协会参与法规政策宣贯、信用体系建设、工作绩效评价、问题隐患排查等工作。探索推进农产品质量安全责任保险，在事前风险预防、事中风险控制等方面发挥积极作用。

第二章 农产品安全监管体系

第一节 农产品监管体制和监管机构

一、农业农村部

农业农村部的主要职责很多，包括指导农业行业安全生产工作。其下设部门中与农产品质量安全相关的有法规司、科技教育司（农业转基因生物安全管理办公室）、农产品质量安全监管司、种植业管理司（农药管理司）、畜牧兽医局、渔业渔政管理局等。直属单位与农产品质量安全有密切关系的有农业农村部农产品质量安全中心、中国绿色食品发展中心、农业农村部农药检定所（国际食品法典农药残留委员会秘书处）、中国动物疫病预防控制中心（农业农村部屠宰技术中心）等多个部门。

（一）农产品质量安全监管司

主要职责：组织实施农产品质量安全监督管理有关工作；指导农产品质量安全监管体系、检验检测体系和信用体系建设；承担农产品质量安全标准、监测、追溯、风险评估等相关工作。

（二）农产品质量安全中心

主要职责：承担农产品质量安全全程控制体系（HACCP、GAP、GMP等）及相关先进农产品质量安全体系的引进转化、推进建立与示范推广工作；承担农产品生产经营主体（合作社、生产企业、家庭农场、专业化生产乡镇村等）质量安全示范与农产品生产经营主体质量安全（标准化）生产星级示范创建推进工作；农业系统农业标准体系构建以及农业系统国家标准、行业标准农产品质量安全的追溯管理；承担良好农业规范相关认证制度的建立工作。

二、国家市场监督管理总局

2018 年后国家市场监督管理总局在职责方面有了很大变化。现有职责包括：制定有关规章、政策、标准，组织实施质量强国战略、食品安全战略和标准化战略以及食品安全监督管理综合协调工作；负责食品安全应急体系建设；负责食品安全监督管理，健全食品安全追溯体系。与食品相关直属机构包括食品安全协调司、食品生产安全监督管理司、食品经营安全监督管理司、特殊食品安全监督管理司、食品安全抽检监测司等。

食品安全协调司承担统筹协调食品全过程监管中的重大问题，推动健全食品安全跨地区跨部门协调联动机制工作。食品生产安全监督管理司主要职责包括：制定食品生产监督管理和食品生产者落实主体责任的制度措施；组织食盐生产质量安全监督管理工作；组织开展食品生产企业监督检查，组织查处相关重大违法行为；指导企业建立健全食品安全可追溯体系。食品经营安全监督管理司拟订食品流通、餐饮服务、市场销售食用农产品监督管理和食品经营者落实主体责任的制度措施，组织实施并指导开展监督检查工作。特殊食品安全监督管理司拟订特殊食品注册、备案和监督管理的制度措施并组织实施和查处工作。食品安全抽检监测司主要职责包括：拟订全国食品安全监督抽检计划并组织实施，定期公布相关信息；督促指导不合格食品核查、处置、召回；参与制定食品安全标准、食品安全风险监测计划，承担风险

监测工作，组织排查风险隐患工作。

第二节　我国农产品安全法律法规体系

目前，中国已建立了一套完整的食品安全法律法规体系，为保障食品安全、提升食品质量水平、规范进出口食品贸易秩序提供了可靠的保障和良好的环境。中国食品法律法规体系包括法律、行政法规、部门规章、规范性文件等。

一、法律法规体系

法律是由国家制定或认可，以权利义务为主要内容，由国家强制力保证实施的社会行为规范及其相应的规范性文件的总称。法规是法令、条例、规则、章程等法定文件的总称。法规指国家机关制定的规范性文件，如我国国务院制定和颁布的行政法规，省、自治区、直辖市人大及其常委会制定和公布的地方性法规。中国立法包括全国人大及其常委会立法、国务院及其部门立法、一般地方立法、民族自治地方立法、经济特区和特别行政区立法。

食品法律是指由全国人大及其常委会经过特定的立法程序制定的规范性法律文件，地位和效力仅次于宪法，称为基本法。食品行政法规是由国务院根据宪法和法律，在其职权范围内制定的有关国家食品的行政管理活动的规范性法律文件，其地位和效力仅次于宪法和法律。

（一）农产品、食品生产相关法律

包括《中华人民共和国食品安全法》《中华人民共和国产品质量法》《中华人民共和国农产品质量安全法》《中华人民共和国行政许可法》《中华人民共和国计量法》《中华人民共和国进

出口商品检验法》《中华人民共和国商标法》《中华人民共和国农业法》《中华人民共和国标准化法》《中华人民共和国消费者权益保护法》《中华人民共和国进出境动植物检疫法》《中华人民共和国动物防疫法》《中华人民共和国国境卫生检疫法》等。

（二）农产品、食品生产相关法规

1. 行政法规

行政法规是由国务院根据宪法和法律，在其职权范围内制定的有关国家食品行政管理活动的规范性法律文件。其地位和效力仅次于宪法和法律。如《乳品质量安全监督管理条例》《生猪屠宰管理条例》《中华人民共和国认证认可条例》《食盐加碘消除碘缺乏危害管理条例》《农业转基因生物安全管理条例》等。

2. 地方性法规

地方性法规是指省、自治区、直辖市以及省级人民政府所在地的市和经国务院批准的较大的市的人民代表大会及其常委会制定的适用于本地方的规范性文件。如广东省人民代表大会常务委员会于 2019 年 11 月 29 日通过的《广东省种子条例》。

（三）农产品、食品规章

一是由国务院行政部门依法在其职权范围内制定的食品行政管理规章，在全国范围内具有法律效力。如国家市场监督管理总局制定的《强制性国家标准管理办法》、2020 年新型冠状病毒肆虐时颁布的《市场监管总局　农业农村部　国家林草局关于禁止野生动物交易的公告》。

二是由各省、自治区、直辖市以及省级人民政府所在地的市和经国务院批准的，根据食品法律在其职权范围内制定和发布的有关地区食品管理方面的规范性文件。如广东省农业农村厅颁布的《关于试行食用农产品合格证制度的通知》、广东省市场监督管理局颁布的《广东省市场监督管理局关于广东省食品从业人员

健康检查的管理办法》。

（四）地方条例

以广东省为例，如《广东省食品安全条例》《广东省家禽经营管理办法》《广东省水产品质量安全条例》《关于食用农产品市场销售质量安全监督管理办法的实施意见》等。

二、与农产品、食品相关的法律

（一）《中华人民共和国专利法》

《中华人民共和国专利法》（简称《专利法》），1984 年 3 月 12 日第六届全国人民代表大会常务委员会第四次会议通过，1985 年 4 月 1 日起实施。随着我国改革开放的深入和扩大，在 1992 年、2000 年、2008 年和 2020 年四次修正。第四次修正后于 2021 年 6 月 1 日起施行。实施《专利法》，对于保护发明创造权利，鼓励发明创造和推广使用，促进科学技术的发展以适应社会主义建设的需要有重大意义。《专利法》共分为 8 章 82 条。

（二）《中华人民共和国商标法》

《中华人民共和国商标法》（以下简称《商标法》），于 1982 年 8 月 23 日第五届全国人民代表大会常务委员会第二十四次会议通过，1983 年 3 月 1 日正式实施。经过 1993 年、2001 年、2013 年和 2019 年四次修正，自 2019 年 11 月 1 日起施行。《商标法》对于加强商标管理、保护商标专用权、促使生产者保证商品质量和维护商标信誉、保障消费者利益、促进社会主义商品经济的发展，有举足轻重的意义。《商标法》共 8 章 73 条。

（三）《中华人民共和国标准化法》

《中华人民共和国标准化法》（以下简称《标准化法》），1988 年 12 月 29 日第七届全国人民代表大会常务委员会第五次会议通过，1989 年 4 月 1 日起施行。2017 年 11 月 4 日第十二届全国人民代表大会常务委员会第三十次会议修订，2018年1月1日起施行。《标准化法》对发展社会主义商品经济，促进技术进步，改进产品质量，提高社会经济效益，维护国家和人民的利益，使标准化工作适应社会主义现代化建设和发展对经济关系有十分重要的意义。《标准化法》共6章45条。

（四）《中华人民共和国动物防疫法》

《中华人民共和国动物防疫法》（以下简称《动物防疫法》），1997年7月3日第八届全国人民代表大会常务委员会第二十六次会议通过，2007年第一次修订，2013年第一次修正，2015年第二次修正，2021年第二次修订，2021年5月1日起施行。《动物防疫法》共12章113条。

第三节　我国农产品安全标准体系

一、食品安全标准的分级和分类

（一）根据适用范围分级

标准分级就是根据标准适用范围的不同，将其划分为若干不同的层次。对标准进行分级可以使标准更好地得到贯彻实施，也有利于加强对标准的管理和维护。

按《标准化法》的规定，我国的标准分为4级：国家标准、行业标准、地方标准和企业标准。

1. 国家标准

国家标准由国务院标准化行政主管部门编制计划和组织草拟，并统一审批、编号和发布。我国国家标准代号，用“国标”两个汉字拼音的第一个字母“GB”表示。如：《食品安全国家标准　预包装食品标签通则》（GB 7718—2011）就是2011年颁布

的国家标准，标准的顺序号为7718。

2. 行业标准

对没有国家标准而又需要在全国某个行业范围内统一的技术要求，可以制定行业标准。制定行业标准的项目由国务院有关行政主管部门确定。行业标准由国务院有关行政主管部门编制计划、组织草拟，统一审批、编号、发布，并报国务院标准化行政主管部门备案。行业标准是对国家标准的补充，行业标准在相应国家标准实施后，应自行废止。常用的如轻工行业标准代号为“QB”、国内贸易行业标准代号“SB”、农业行业标准代号“NY”等。

3. 地方标准

制定地方标准的项目，由省、自治区、直辖市人民政府标准化行政主管部门确定。地方标准由省、自治区、直辖市人民政府标准化行政主管部门编制计划，组织草拟，统一审批、编号、发布，并报国务院标准化行政主管部门备案。在相应的国家标准或行业标准实施后，地方标准应自行废止。地方标准的代号，由汉语拼音字母“DB”加上省、自治区、直辖市行政区划代码前两位数字。如江苏省地方标准代号为“DB32”。

4. 企业标准

企业生产的产品在没有相应的国家标准、行业标准和地方标准时，应当制定企业标准作为组织生产的依据。若已有相应的国家标准、行业标准和地方标准时，国家鼓励企业在不违反相应强制性标准的前提下，制定充分反映市场、用户和消费者要求的企业标准，企业标准由企业组织制定，并按省、自治区、直辖市人民政府的规定备案。企业标准代号用“Q”表示。

这4类标准主要是适用范围不同，不是标准技术水平高低的分级。

（二）根据法律的约束性分类

1. 强制性标准

强制性标准必须执行。

如《食品安全国家标准　食品添加剂使用标准》（GB 2760—2014）、《食品安全国家标准　食品中污染物限量》（GB 2762—2017）都是强制性标准。

2. 推荐性标准

行业标准、地方标准是推荐性标准。国家鼓励采用推荐性标准。

推荐性国家标准、行业标准、地方标准、企业标准的技术要求不得低于强制性国家标准的相关技术要求。

（三）根据标准的性质分类

按标准的性质分为技术标准、管理标准和工作标准。

1. 技术标准

为标准化领域中需要协调统一的技术事项而制定的标准。食品工业及相关标准中涉及技术的部分标准、食品产品标准、食品添加剂标准、食品包装材料及容器标准、食品检验方法标准等，其内容都规定了技术事项或技术要点，均属于技术标准。

2. 管理标准

为标准化领域中需要协调统一的管理事项所制定的标准。主要包括质量管理、生产管理、经营管理、劳动管理和劳动组织管理标准等。如 ISO 9000 质量管理标准、食品企业卫生规范等都属于管理标准。

3. 工作标准

也叫工作质量标准，是对标准化领域中需要协调统一的工作事项制定的标准。工作标准主要是对具体岗位中人员和组织在生产经营管理活动中的职责、权限、考核方法所做的规定，是衡量

工作质量的依据和准则。

（四）根据标准的内容分类

按照标准的内容可分为基础标准、产品标准、方法标准、管理标准、环境保护标准等。我国食品标准基本上就是按照内容进行分类并编辑出版的。

二、农产品、食品安全标准的主要内容

目前我国的食品安全标准体系是强制性标准与推荐性标准相结合，国家标准、行业标准、地方标准和企业标准相配套，基本满足了食品安全控制与管理的目标和要求。但也存在着一些问题，如标准总体水平偏低；部分标准之间不协调，存在交叉，甚至互相矛盾；重要标准短缺；部分标准的实施状况较差，甚至强制性标准也未得到很好的实施。应制定系统、科学、合理且可行的食品安全标准，以解决当前我国食品标准多头重复、相互矛盾，食品生产流通领域秩序混乱的状况。针对这些情况，国家制定了食品标准清理整合的时间表。截至 2018 年 7 月，现行标准清理工作基本结束，重建工作仍在进行。

《中华人民共和国食品安全法》第二十六条规定，食品安全标准包括 8 个方面的内容：食品、食品添加剂、食品相关产品中的致病性微生物，农药残留、兽药残留、生物毒素、重金属等污染物质以及其他危害人体健康物质的限量规定；食品添加剂的品种、使用范围、用量；专供婴幼儿和其他特定人群的主辅食品的营养成分要求；对与卫生、营养等食品安全要求有关的标签、标志、说明书的要求；食品生产经营过程的卫生要求；与食品安全有关的质量要求；与食品安全有关的食品检验方法与规程；其他需要制定为食品安全标准的内容。

三、农产品、食品安全标准的结构

每一个食品标准内容不可能完全相同，但其总体结构要求基本相同。一般都由概述、正文部分（技术要素部分）和补充部分组成。概述部分包括封面与首页、目次、标准名称和前言等部分；正文部分包括范围、规范性引用文件、术语和定义、技术要求、试验方法、检验规则、标签与标志、包装、贮存、运输；补充部分包括附录和附加说明。现分别介绍产品标准、检验方法标准和操作规范标准的结构。

（一）产品标准的结构

产品标准既有国家标准、行业标准、地方标准，也有企业标准。但无论哪级标准，标准的格式、内容编排、层次划分、编写的细则等都应符合《标准化工作导则　第1部分：标准化文件的结构和起草规则》（GB/T 1.1—2020）。食品产品标准内容较多，一般包括前言、范围、规范性引用文件、术语和定义、技术要求等。

（二）检验方法标准的结构

检验方法标准一般包括前言、范围、规范性引用文件、术语和定义、原理、试剂和材料、仪器和设备、分析步骤、分析结果计算、精密度、其他。

（三）操作规范标准的结构

操作规范标准一般包括前言、范围、规范性引用文件、术语和定义、选址及厂区环境、厂房和车间、设备、卫生管理、原料和包装材料的要求、生产过程的食品安全控制、检验、产品的贮存和运输、产品追溯和召回、培训、管理机构和人员、记录和文件的管理等内容。

第三章　农产品安全质量控制体系

第一节　良好农业规范（GAP）

一、良好农业规范（GAP）概述

（一）GAP 的概念

GAP 是 Good Agricultural Practice 的缩写，中文意思是“良好农业规范”，是欧、美、澳大利亚等发达国家和地区在农业生产领域广泛采取的一项标准化的生产管理体系，它区别于有机农业禁止使用农业化学品，而主张在生产中合理使用农业化学用品，达到规范生产过程和产后加工过程、提高农产品质量的目的。

根据联合国粮食及农业组织（FAO）的定义，“良好农业规范”广义而言，是应用现有的知识来处理农场生产过程和生产后的环境、经济和社会可持续性的问题，从而获得安全而健康的食物和非食用农产品。狭义而言，“良好农业规范”是针对初级农产品生产，包括作物种植和动物养殖的管理控制模式。它通过实施种植、养殖、采收、清洗、包装、储藏和运输过程中的有害物质和有害微生物危害控制，保障农产品质量安全。

（二）GAP 的作用

（1）有利于提升农业生产标准化水平，提高农产品的内在品质和安全水平，增强消费者的消费信心。

（2）在中国加入世界贸易组织之后，GAP 认证成为农产品进出口的一个重要条件，通过 GAP 认证的产品将在国内外市场上具有更强的竞争力。

（3）有利于增强生产者的安全和环保意识，有利于保护劳动者的身体健康。

（4）有利于保护生态环境和增加自然界的生物多样性，有利于自然界的生态平衡和农业的可持续性发展。

（5）通过 GAP 认证可以提升产品的附加值，增加认证企业和生产者的收入。

（三）GAP 的原则

（1）经济、有效地生产充足的（食品防御安全）、安全的（食品安全）和营养的食品（食品质量）。

（2）维持并增强天然资源的利用。

（3）保持有活力的农业企业和对可持续发展作出贡献。

（4）符合文化和社会需要。

（四）GAP 的主要内容

GAP 的主要内容概括起来包括以下 8 个方面。

（1）水的要求。无论任何情况下，接触新鲜果蔬的水的质量直接关系到潜在的微生物污染。

（2）肥料的要求。正确处理农家肥可以获得安全有效的肥料。未经处理、不正确处理或再污染的农家肥可能携带影响公共健康的病原菌，并导致农产品污染。

（3）工人健康和卫生的要求。感染的员工增加了对新鲜产品污染的风险。

（4）田间的卫生要求。新鲜产品会在收获前或收获的时候被接触到的土壤、肥料、水、工人和设备污染。

（5）卫生设施要求。田间的卫生设施状况直接关系到产品是否会被污染。

（6）包装设备要求。保持包装设施的状态良好有助于减少微生物的污染。

（7）运输的要求。正确的运输方式有助于减少微生物的污染。

（8）追溯性的要求。确定产品的来源是良好农业的重要补充和管理要求。

二、中国良好农业规范（China GAP）标准

为建立我国GAP认证和标准体系，中国国家认证认可监督管理委员会（以下简称国家认监委）自2004年起组织有关方面的专家制定并由国家标准委发布了27项GAP国家标准。国家认监委还发布了《良好农业规范认证实施规则》，建立了我国统一的GAP认证体系。

（一）现行China GAP系列标准

目前，中国良好农业规范标准包括27个：GB/T 20014.1～GB/T 20014.27。

中国良好农业规范认证内容根据认证标准分3层。第一，农场基础标准。它是一个通用标准，标准中提出了适用于所有作物、水产品养殖等的控制点和符合性规范。第二，种类标准。它是作物、畜禽、水产养殖三大类产品生产必须遵守的基础要求。第三，产品模块标准。它是涵盖作物、畜禽和水产养殖类具体产品的认证要求。近年来，GAP认证范围不断扩大，GAP认证数量也在快速增长。由此可见，良好农业规范在中国得到了快速发展。

产品模块标准分为3类：一是作物类，包括大田作物、水果

和蔬菜、茶叶、花卉和观赏植物、烟叶、蜜蜂；二是畜禽类，包括牛羊、奶牛、猪、家禽、畜禽公路运输；三是水产养殖类，分为水产工厂化养殖基础、水产网箱养殖基础、水产围栏养殖基础，以及水产滩涂、吊养、底播养殖基础，包括罗非鱼、鳗鲡、对虾、鲆鲽、大黄鱼、中华绒螯蟹等水产品养殖。

实施认证时，应将农场基础标准、种类标准与产品模块标准结合使用。

(二) China GAP 标准结构

1. 前言

介绍良好农业规范系列标准及标准修订、增补的情况，以及标准主要起草单位、主要起草人、替代标准的历次版本。

2. 引言

包括要求和标准内容条款的控制点两个部分。

(1) 要求。包括食品安全危害管理，农业可持续发展的环境保护要求，员工的职业健康、安全和福利要求，动物福利的要求。

(2) 标准内容条款的控制点划分为 3 个等级，遵循如下原则：基于危害分析与关键控制点（HACCP）和与食品安全直接相关的动物福利的所有食品安全要求；基于 1 级控制点要求的环境保护、员工福利、动物福利的基本要求；基于 1 级和 2 级控制点要求的环境保护、员工福利、动物福利的持续改善措施要求。

3. 正文部分

包括范围、规范性引用文件、术语、要求等几个部分。其中要求是重要的内容。

三、中国良好农业规范（China GAP）认证级别及方式

（一）China GAP 认证级别及要求

1. China GAP 认证级别

认证级别分为两级，分别是一级和二级。

（1）一级认证要求。

①应符合适用良好农业规范相关技术规范中所有适用一级控制点的要求。

②应至少符合所有适用良好农业规范相关技术规范中适用的二级控制点总数95%的要求。

③不设定三级控制点的最低符合百分比。

④二级控制点允许不符合百分比计算公式。

（二级控制点总数-不适用的二级控制点总数）×5%=允许不符合的二级控制点总数。

注：允许不符合的二级控制点最终的总数是计算的实际数值取整。

（2）二级认证要求。

①应至少符合所有适用良好农业规范相关技术规范中适用的一级控制点总数95%的要求。

注：可能导致消费者、员工、动植物安全和环境严重危害的控制点必须符合要求。

②一级控制点允许不符合百分比计算公式。

（一级控制点总数-不适用的一级控制点总数）×5%=允许不符合的一级控制点总数。

③不设定二级控制点、三级控制点的最低符合百分比。

（3）符合性判定要求。

①不论申请一级还是二级认证，所有适用的控制点（包括一

级、二级和三级控制点）都必须审核、检查，并应在检查表的备注栏中对所有不符合进行描述。

②在审核、检查中应收集对每个控制点的审核和检查证据。一级控制点的审核和检查证据应在检查表的备注栏中记录，以便追溯。

③良好农业规范相关技术规范中被标记为“全部适用”的控制点，除非特别指出，都必须经过审核和检查。只有经国家认监委特许可免除该条款的审核和检查，这些例外由国家认监委发布。

2. China GAP 认证控制点级别划分原则

控制点划分为 3 个等级。

一级：直接影响食品安全的控制点。

二级：间接或潜在影响食品安全的控制点。

三级：改善工人福利、动物福利和环境保护的控制点。

（二）China GAP 认证方式及要求

申请人可以是农业生产经营者和农业生产经营者组织。申请人可按照下列两种认证方式之一申请认证。

1. 农业生产经营者认证

包括内部检查、外部检查、不通知监督检查。

（1）内部检查。应进行完整的基于良好农业规范相关技术规范要求的内部检查，在外部检查时必须将内部检查记录提供给外部检查员进行审核。每年至少进行一次内部检查。

（2）外部检查。认证机构对已获证的农业生产经营者及其所有适用模块的生产场所，按所有适用控制点的要求每年至少实施一次通知检查。

（3）不通知监督检查。认证机构每年应至少对其认证的农业生产经营者按不低于 10%的比例实施不通知检查，当认证机构

发证的数量少于10家时，不通知检查数量不得少于1家。不通知检查可仅对良好农业规范相关技术规范适用的一级和二级控制点进行检查，发现不符合的处理方式和通知检查的处理方式一致。不通知检查可以在检查前48小时内向农业生产经营者提供检查计划，农业生产经营者无正当理由不得拒绝检查。第一次不接受检查将收到书面告诫，第二次不接受检查将导致证书的完全暂停。

2. 农业生产经营者组织认证

包括内部质量管理体系审核、内部检查、质量管理体系外部通知审核、质量管理体系外部不通知审核、外部检查。

（1）内部质量管理体系审核。农业生产经营者组织应每年按照农业生产经营者组织质量管理体系的要求，进行内部质量管理体系审核。此部分审核与ISO 9000质量管理体系内部审核一致。

（2）内部检查。农业生产经营者组织每年应对每个成员及其生产场所至少实施一次内部检查，内部检查由农业生产经营者组织的内部检查员实施，或转包给外部检查员实施，但此时不同于认证时的外部检查员检查，不做认证决定，且此外部检查员不应是外部检查认证机构的人员。每年的内部检查应按照良好农业规范相关技术规范所有适用控制点的要求进行。

（3）质量管理体系外部通知审核。认证机构每年应对申请人的质量管理体系进行一次通知审核，质量管理体系审核中发现的不符合可以通过纠正措施计划进行关闭，纠正时限应依据不符合严重程度来确定，但最长不可超过28天。

（4）质量管理体系外部不通知审核。认证机构每年至少对其认证的农业生产经营者组织按不低于10%的比例增加实施一次不通知审核，当发证机构发证的数量少于10家时，不通知审核数量不得少于 1 家。不通知审核仅审核组织的质量管理体系部分，任何质量管理体系的不符合将导致对整个组织的制裁。不通知审核可以在检查前 48 小时内向获证农业生产经营者组织提供审核计划，获证农业生产经营者组织无正当理由不得拒绝审核。第一次不接受审核将收到书面告诫，第二次不接受审核将导致证书的完全暂停。

（5）外部检查。每年应对所有获证的农业生产经营者组织实施一次通知的外部检查和一次不通知的外部检查。检查采取对农业生产经营者组织内成员随机抽样的方式进行。初次认证、良好农业规范相关技术规范更新或获证的农业生产经营者组织更换认证机构时，抽样数不能少于农业生产经营者组织成员数量的平方根。获证农业生产经营者组织每年进行的不通知检查抽样数量，可以是初次认证抽样数量的 50%。如果检查没有发现不符合，下一次通知检查时抽样数量可以减为成员数平方根的 50%。如果在不通知检查中出现不符合，则在下一次通知检查时抽样数量按照初次检查要求对待。每年的外部检查应按照良好农业规范相关技术规范所有适用控制点的要求进行。

四、中国良好农业规范（China GAP）认证条件及流程

（一）申请 China GAP 认证的农场须具备的基本条件

（1）符合标准要求的硬件、软件条件。

（2）已按标准要求建立统一的操作规范，并有效实施。

（3）有至少三个月按操作规范运行的记录。

（二）China GAP 的认证流程

1. 申请

（1）申请文件。应包括以下内容：申请人的名称、联系人的姓名、最新的地址（地址和邮编）、其他身份证明（营业执照

等)、联络方式（电话传真及电子邮件地址)、产品名称、当年的生产面积（作物类）及产品的数量（畜禽、水产类)、申请的和不准备申请的作物名称（作物类)、一次收获还是多次收获（作物类)、申请选项（1或2)、申请级别（一级或二级)、申请认证的标准名称和版本、原认证注册号（如有)、认证机构要求提交的信息。

除此以外，还包括以下内容。

①对果蔬产品。如果不进行产品处理，则声明不包含产品处理（对每种认证的产品)；如果是在农场范围外进行产品处理，提供产品处理者的认证注册号码（适用时)；如果产品需进行处理，生产者应说明是否同时处理来自其他获证生产者的产品（这种情况下在良好农业规范系列标准中关于农产品处理的所有适用的二级控制点都必须按照一级控制点来检查)。

②对茶叶、水产品。如产品由监管链中指定的加工者加工，生产者应立即将其注册号码通知认证机构并及时更新（适用时)。

③对畜禽、水产品。当生产者获悉运输方的注册号码或注册号码变更时，应立即通知认证机构并更新（适用时)。

④产品可能的消费国家或地区的声明。

⑤产品符合产品消费国家或地区的相关法律法规要求的声明和产品消费国家或地区适用的法律法规清单［包括申请认证产品适用的农药最大残留量（MRL）法规］。

（2）合同。申请人向认证机构申请认证后，应与认证机构签署认证合同。

（3）注册号。申请人与认证机构签署合同后，认证机构应授予申请人一个认证申请的注册号码。

注册号编码规则：China GAP+空格+认证机构名称的字母缩

写+空格+申请人的流水号码。

注：只有在取得注册号后才能开始检查或审核。

2. 检查和审核程序

（1）农业生产经营者认证和农业生产经营者组织认证有区别。

（2）现场确认。必须检查农场及其模块的生产场所。

（3）检查和审核时间安排。

①作物类认证。包括初次认证检查、复评等过程。认证机构应当根据认证产品模块的风险程度，制订适宜的产品抽样程序和检验方案，实施相应的抽样检验，以验证认证产品符合消费国家或地区的相关法律法规要求。

②畜禽类和水产类认证。初次认证检查和复评时，畜禽或水产品必须在养殖状态。复评应在上一次检查 6 个月后、证书有效期之前完成。如果在规定的复评时间内，没有畜禽在养殖状态供检查，认证机构可将生猪、家禽模块认证证书有效期再延长 3 个月，牛、羊以及奶牛模块认证证书有效期延长 6 个月（认证证书有效期的延长必须在证书有效期之前提出，并被认证机构批准，否则认证证书将被撤销）。如果认证证书同时覆盖了生猪、家禽和牛、羊、奶牛模块，则复评应按照在生猪、家禽的复评时间要求进行，以满足不同模块复评时间的要求。对于畜禽 24 个月内检查时间的确定，应考虑冬季、夏季和室内、室外的因素。

3. 认证的批准

认证的批准是指签发认证证书。认证机构和申请人的认证合同期限最长为 3 年，到期后可续签或延长 3 年。

4. 批准范围

批准范围应指明认证的产品范围、场所范围和生产范围。

第二节　食品良好操作规范（GMP）

一、食品良好操作规范（GMP）概述

（一）GMP 的概念

GMP 是英文 Good Manufacturing Practice 的缩写，中文的意思是“良好操作规范”。它是一种在生产过程中针对产品质量与卫生安全实施的自主性管理制度，是一套适用于制药、食品等行业的强制性标准，要求企业从原料、人员、设施设备、生产过程、包装运输、质量控制等方面按国家有关法规达到卫生质量要求，形成一套可操作的作业规范帮助企业改善卫生环境，及时发现生产过程中存在的问题，加以改善。简要地说，GMP 要求食品生产企业应具备良好的生产设备、合理的生产过程、完善的质量管理和严格的检测系统，确保最终产品的质量（包括食品安全卫生）符合法规要求。

GMP 所规定的内容，是食品加工企业必须达到的最基本的条件。

（二）GMP 目标要素

GMP 的目标要素包括将人为的差错控制在最低的限度、防止对食品的污染、保证高质量产品的质量管理体系。

1. 将人为的差错控制在最低的限度

质量管理部门从生产管理部门独立出来，建立相互监督检查制度，指定各部门责任者，制订规范的实施细则和作业程序，各生产工序严格复核，如称量、材料储存领用等。在装备方面，各工作间要保持宽敞，消除妨碍生产的障碍；不同品种操作必须有一定的间距，严格分开。

2. 防止对食品的污染

操作室清扫和设备洗净的标准及实施；对生产人员进行严格的卫生教育；操作人员定期进行身体检查，以防止生产人员带有病菌、病毒而污染食品；限制非生产人员进入工作间等。在装备方面：操作室专用化；直接接触食品的机械设备、工具、容器，应选用跟食物不发生反应的材质制造；防止机械润滑油对食品的污染等。

3. 保证高质量产品的质量管理体系

质量管理部门独立行使质量管理职责；机械设备、工具、量具定期维修校正；检查生产工序各阶段的质量，包括工程检查；有计划的合理的质量控制，包括质量管理实施计划、试验方案、技术改造、质量攻关要适应生产计划要求；在适当条件下保存出厂后的产品质量检查留下的样品；收集消费者对食品投诉的信息，随时完善生产管理和质量管理等。

在装备方面，应合理配备操作室和机械设备，采用先进的设备及合理的工艺布局；为保证质量管理的实施，配备必要的试验、检验设备和工具等。

（三）推行食品 GMP 的意义

（1）为食品生产提供一套必须遵循的组合标准。

（2）为食品监管部门、食品卫生监督员提供监督检查的依据。

（3）为建立国际食品标准提供基础，有利于食品进入国际市场。

（4）促进食品企业质量管理的科学化和规范化。使食品生产经营人员认识食品生产的特殊性，由此产生积极的工作态度，激发对食品质量高度负责的精神，消除生产上的不良习惯。

（5）有助于食品生产企业采用新技术、新设备，从而保证食品质量。

二、我国的食品 GMP 的发展

1984 年，参照联合国粮食及农业组织（FAO）和世界卫生

组织（WHO）食品法典委员会的《食品卫生通则》，结合我国国情制定了《食品企业通用卫生规范》（GB 14881—1994），作为我国食品企业必须执行的国家标准发布。在1988—1998年，卫生部（现国家卫生健康委员会，下同）制定了19个食品加工企业卫生规范，简称“卫生规范”，形成了我国食品GMP体系。这些规范涉及罐头、白酒、啤酒、酱油、食醋、食用植物油等。卫生规范制定的目的主要是针对当时我国大多数食品企业卫生条件和卫生管理比较落后的现状，重点规定厂房、设备、设施的卫生要求和企业的自身卫生管理等内容，借以促进我国食品企业卫生状况的改善。

鉴于制定我国食品企业GMP的时机已经成熟，1998年，卫生部发布了《保健食品良好生产规范》（GB 17405—1998）和《膨化食品良好生产规范》（GB 17404—1998），这是我国首批颁布的食品GMP标准，标志着我国食品企业管理开始向高层次发展。我国根据国际食品贸易的要求，1998年由原国家商检局首先制定了类似GMP的卫生法规《出口食品厂、库最低卫生要求》，于1996年11月发布。在此基础上，又陆续发布了出口畜禽肉等9个专业卫生规范。1999年又颁布了《水产品加工质量管理规范》。2002年5月对《出口食品厂、库卫生要求》进行了修订，发布了《出口食品生产企业卫生要求》。

2009年《中华人民共和国食品安全法》颁布前，卫生部以食品卫生国家标准的形式发布了近20项“卫生规范”和“良好生产规范”。有关行业主管部门制定和发布了各类良好生产规范、技术操作规范等400余项生产经营过程标准。2013年，根据《中华人民共和国食品安全法》和国务院工作部署，开展食品安全国家标准整合工作。截至2018年，国家颁布了以《食品安全国家标准　食品生产通用卫生规范》（GB 14881—2013）为基础的40余项涵盖与人们日常饮食中密切相关的乳制品、畜禽屠宰加工、饮料、发酵酒及其配制酒、谷物加工、糖果巧克力、膨化食品、食品辐照加工、包装饮用水、肉和肉制品、水产制品、蛋与蛋制品等主要食品类别的生产经营规范类食品安全标准体系。

三、我国的食品 GMP 的内容

食品企业实施 GMP 有利于食品质量控制，有利于企业的长远发展。企业要建立 GMP，就需要了解 GMP 的内容。食品 GMP 体系的内容是依据《食品安全国家标准　食品生产通用卫生规范》（GB 14881—2013）。该标准包括：范围；术语和定义；选址及厂区环境；厂房和车间；设施与设备；卫生管理；食品原料、食品添加剂和食品相关产品；生产过程的食品安全控制；检验；食品的贮存和运输；产品召回管理；培训；管理制度和人员；记录和文件管理 14 个部分。要求企业从原料、人员、设施设备、生产过程、包装运输、质量控制等方面按照国家有关法规达到卫生质量要求，形成一套可操作的作业规范，使得生产出来的产品在质量与安全方面有保证。

第三节　食品安全控制体系（HACCP）

一、食品安全控制体系（HACCP）概述

（一）HACCP 的概念

HACCP 是英文 Hazard Analysis Critical Control Point 的缩写。中文译为“危害分析与关键控制点”。国家标准《食品工业基本术语》（GB/T 15091—1994）对其规定的定义是：生产（加工）安全食品的一种控制手段；对原料、关键生产工序及影响产

品安全的人为因素进行分析；确定加工过程中的关键环节；建立、完善监控程序和监控标准，采取规范的纠正措施。它是食品安全的控制体系。

（二）HACCP 体系范围

开展 HACCP 体系的领域包括：饮用牛乳、奶油、发酵乳、乳酸菌饮料、奶酪、生面条类、豆腐、鱼肉火腿、蛋制品、沙拉类、脱水菜、调味品、蛋黄酱、盒饭、冻虾、罐头、牛肉食品、糕点类、清凉饮料、机械分割肉、盐干肉、冻蔬菜、蜂蜜、水果汁、蔬菜汁、动物饲料等。

二、HACCP 控制体系的特点

（1）HACCP 是预防性的食品安全保证体系，但它不是一个孤立的体系，必须建立在良好操作规范（GMP）和卫生标准操作程序（SSOP）的基础上。

（2）每个 HACCP 计划都反映了某种食品加工方法的专一特性，其重点在于预防，从工艺设计上防止危害进入食品。

（3）HACCP 不是零风险体系，但可使食品生产最大限度趋近于“零缺陷”，可尽量降低食品安全危害的风险。

（4）食品安全的责任首先归于食品生产商及食品销售商。

（5）HACCP 强调加工过程，需要工厂与政府交流沟通。政府检验员通过确定危害是否正确地得到控制来验证工厂 HACCP 实施情况。

（6）克服传统食品安全控制方法（现场检查和成品检测）的缺陷，将力量集中于 HACCP 计划制订和执行时使食品安全的控制更加有效。

（7）HACCP 是把精力用于食品生产加工过程中最易发生安全危害的环节上。

（8）HACCP 概念可应用到食品质量的其他方面，控制各种食品问题。

三、我国 HACCP 应用发展情况

中国食品和水产界较早关注和引进 HACCP 质量保证方法。1991 年农业部渔业局派遣专家参加了美国食品药品管理局（FDA）、美国国家海洋和大气管理局（NOAA）、国家渔业研究所（NFI）组织的 HACCP 研讨会，1993 年国家水产品质检中心在国内成功举办了首次水产品 HACCP 培训班，介绍了 HACCP 原则、水产品质量保证技术、水产品危害及监控措施等。1996 年农业部结合水产品出口贸易形势颁布了冻虾等 5 项水产品行业标准，并进行了宣讲贯彻，开始了较大的规模的 HACCP 培训活动。2002 年 12 月中国认证机构国家认可委员会正式启动对 HACCP 体系认证机构的认可试点工作，开始受理 HACCP 认可试点申请。通过对 HACCP 体系近十年的认证和摸索，2011 年为规范食品行业危害分析与关键控制点（HACCP）体系认证工作，根据《中华人民共和国食品安全法》《中华人民共和国认证认可条例》等有关规定，制定了《危害分析与关键控制点（HACCP）体系　食品生产企业通用要求》（GB/T 27341—2009），自 2009 年 6 月起实施。

第四节　全国农产品全程质量控制技术体系（CAQS-GAP）

一、全国农产品全程质量控制技术体系（CAQS-GAP）概述

CAQS-GAP 是 The Quality Standards for Agriculture of China-

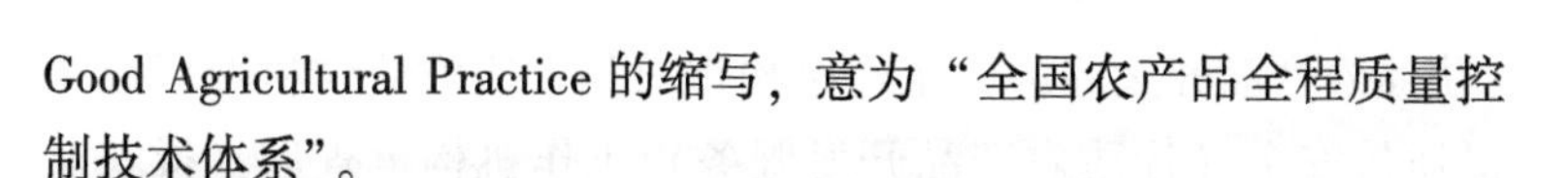

Good Agricultural Practice 的缩写，意为“全国农产品全程质量控制技术体系”。

实施 CAQS-GAP，既是保障农产品质量安全的国际通行做法，也是高品质农产品生产的重要实现路径，更是提振公众农产品消费信心的重要方面。按照国家乡村振兴战略和《国家质量兴农战略规划（2018—2022 年）》关于支持建立生产精细化管理与产品品质控制体系和采用国际通行的良好农业规范的部署以及农业农村部关于质量兴农、绿色兴农、品牌强农和启动农产品全程质量控制技术体系生产基地创建示范工程的要求，农业农村部农产品质量安全中心自 2018 年起在原有引进转化的农产品全程质量控制技术体系和首批试点的基础上，结合国家良好农业规范 GAP 认证技术模式，全面推进规模化农产品生产经营主体（企业、合作社、家庭农场等，下同）开展 CAQS-GAP 试点，以推动农产品质量安全全程管理和实时展示农产品良好生产经营行为，科学指导农产品规范化生产和正确引导农产品健康消费，为推动农产品质量安全水平提升、名特优新农产品品牌培育和农产品安全优质营养化高品质发展奠定技术基础。

二、CAQS-GAP 试点申请

坚持常态化推进和农产品生产经营主体“自愿申请、自我实施”原则，鼓励已通过“三品一标”和相关质量体系认证登记的农产品生产经营主体申请全国农产品全程质量控制技术体系（CAQS-GAP）试点。

试点由符合条件和有积极性的农产品生产经营主体自愿申请，经所在地县级农业农村部门农产品质量安全（优质农产品开发服务）工作机构推荐，地市级农业农村部门农产品质量安全

(优质农产品开发服务) 工作机构审核和省级农业农村部门农产品质量安全（优质农产品开发服务）工作机构审查后，报农业农村部农产品质量安全中心审定。申请工作常年受理，符合试点条件的，纳入试点范围和名录，由国家中心每季度公布试点名单(试点期 2 年)，核发全国农产品全程质量控制技术体系(CAQS-GAP) 试点证书。

通过一定时期的试点，符合国家良好农业规范要求的，鼓励试点农产品生产经营主体申请国家良好农业规范（GAP）认证。国家中心积极支持以县域（区域）为单元整建制推进全国农产品全程质量控制技术体系（CAQS-GAP）试点。

三、CAQS-GAP 试点申请材料

（1）国家法律法规规定的申请主体的相关资质证明文件复印件。

（2）已获得相关产品质量安全认证如良好农业规范(GAP)、有机农产品、绿色食品等认证证书复印件。

（3）农产品质量安全和名特优新农产品等方面的获奖证书复印件。

（4）申请者认为必要的其他证明性材料。

（5）全国农产品全程质量控制技术体系（CAQS-GAP）试点申请书（表3-1、表3-2)。

表 3-1　申请主体基本情况

申请主体全称					
主体性质	□企业　□合作社　□家庭农场（经注册登记）　□其他				
法人代表（负责人）		联系电话（区号+电话）		手机	
联系人		联系电话（区号+电话）		手机	

（续表）

<table>
<tr><td>传真</td><td colspan="3"></td><td colspan="2">电子邮箱</td><td colspan="2"></td></tr>
<tr><td>通信地址</td><td colspan="4"></td><td colspan="2">邮政编码</td><td></td></tr>
<tr><td>员工人数</td><td></td><td>管理人员数</td><td></td><td>技术人员数</td><td></td><td>生产人员数</td><td></td></tr>
<tr><td colspan="8">生产基本情况</td></tr>
<tr><td>生产规模（公顷、万头、万只、万羽、立方米水体）</td><td colspan="7"></td></tr>
<tr><td>生产基地
详细地理位置</td><td colspan="7"></td></tr>
<tr><td colspan="8">产品基本情况</td></tr>
<tr><td>主要产品类别</td><td colspan="3">生产规模（公顷、万头、万只、万羽、立方米水体）</td><td colspan="2">年产量（吨）</td><td colspan="2">年销售额（万元）</td></tr>
<tr><td></td><td colspan="3"></td><td colspan="2"></td><td colspan="2"></td></tr>
<tr><td></td><td colspan="3"></td><td colspan="2"></td><td colspan="2"></td></tr>
<tr><td colspan="8">已获得认证或获奖情况</td></tr>
<tr><td colspan="8">□GAP □有机农产品 □绿色食品 □无公害农产品
□名特优新农产品 □其他________</td></tr>
<tr><td>申请主体
声明与承诺</td><td colspan="7">1. 申请全国农产品全程质量控制技术体系（CAQS-GAP）试点所提交的材料和填写的内容全部真实、有效。如有虚假成分，责任自负。
2. 严格按照《农产品全程质量控制技术体系（CAQS-GAP）试点规范》和相关法律法规及技术标准要求，建立并实施农产品全程质量控制技术体系（CAQS-GAP），落实全程各项技术规范。
3. 自觉、主动接受县级以上农业农村部门农产品质量安全（优质农产品开发服务）工作机构及相关主管部门的指导检查，并对检查过程中发现的问题及时整改。

法人代表（负责人）（签字）：

年　月　日</td></tr>
</table>

表 3–2　审查推荐意见

县级农业农村部门农产品质量安全（优质农产品开发服务）工作机构推荐意见	负责人（签字）： （工作机构印章） 年　月　日
地市级农业农村部门农产品质量安全（优质农产品开发服务）工作机构审核意见	负责人（签字）： （工作机构印章） 年　月　日
省级农业农村部门农产品质量安全（优质农产品开发服务）工作机构审查意见	负责人（签字）： （工作机构印章） 年　月　日
农业农村部农产品质量安全中心审定意见	负责人（签字）： （单位印章） 年　月　日

第四章　影响农产品质量安全的因素

第一节　生物性污染

农产品在生产、加工、储存、运输、销售的各个环节都可能受到生物污染，引起食物中毒，危害人体健康。对农产品安全性造成影响的生物性污染主要包括：微生物污染，如细菌、病毒、真菌及其毒素的污染等；寄生虫污染，如旋毛虫、囊虫、弓形虫等；昆虫污染，如蝇、蛆等。

一、农产品的细菌污染与腐败变质

微生物无处不在，空气、水、土壤和人体表面都有微生物，农产品含有多种多样的微生物，在生产、加工、运输、储存、销售和烹调等各个环节中生长繁殖引起农产品的腐败变质。

（一）引起农产品腐败变质的因素

农产品的腐败变质与农产品本身的性质、微生物的种类和数量以及当时所处的环境因素都有着密切的关系，其综合作用的结果决定着农产品是否发生变质以及变质程度。

1. 微生物

在农产品的腐败变质过程中，微生物起着决定性的作用，如果品蔬菜的采后腐败、粮食的霉变、油料颗粒与植物油脂的腐败及农产品加工制品的腐败。能引起农产品发生变质的微生物主要有细菌、酵母和霉菌。细菌一般生长于潮湿的环境中，并都具有分解蛋白质的能力，从而使农产品变质。酵母一般喜欢生活在含糖量较高或含一定盐分的食品上，但不能利用淀粉。大多数酵母具有利用有机酸的能力，但是分解利用蛋白质、脂肪的能力很弱，只有少数较强；因此，酵母可使糖浆、蜂蜜和蜜饯等产品腐败变质。霉菌生长所需要的水分活性较细菌低，所以水分活性较低的农产品中霉菌比细菌更易引起腐败变质。

2. 环境因素

微生物在适宜的环境（如温度、湿度、阳光和水分等）条件下，会迅速生长繁殖，使农产品发生腐败变质。温度 25～40℃、相对湿度超过 70%，是大多数嗜温微生物生长繁殖最适宜的条件。紫外线、氧的作用可促进油脂氧化和酸败。空气中的氧气可促进好氧性腐败菌的生长繁殖，从而加速腐败变质。

3. 农产品自身因素

动植物产品都富含蛋白质、脂肪、碳水化合物、维生素和矿物质等营养成分，还含有一定量的水分，具有酸性并含有分解各种成分的酶等，这些都是微生物在农产品中生长繁殖并引起农产品成分分解的先决条件。如苹果、梨、香蕉、葡萄、草莓等果实和一些蔬菜中存在多酚氧化酶。除非酶已被钝化，否则就会在农产品内继续催化生化反应，造成农产品腐败变质，如脂肪氧化酶引起的脂肪酸败、蛋白酶引起的蛋白质水解、多酚氧化酶引起的褐变、果胶酶引起的组织软化等。造成农产品的变色、变味、变软和营养价值降低。

（二）农产品腐败变质的危害

腐败变质的农产品对人体的健康的影响主要表现在以下 4 个方面。

1. 变质产生的厌恶感

由于微生物在生长繁殖过程中促进农产品中各种成分变化，

改变了农产品原有的感官性状，使人对其产生厌恶感。

2. 营养价值的降低

农产品中蛋白质、脂肪、碳水化合物腐败变质后结构发生变化，因而丧失了其原有的营养价值。

3. 传播人畜共患疾病

当农产品经营管理不当，或由于生产、加工、储藏、运输等卫生条件差，致使农产品污染病原菌，可能会造成人畜共患疾病的大量流行，如炭疽病、布鲁氏杆菌病、结核病、口蹄疫等。

4. 变质引起的人体中毒或潜在危害

农产品从生产加工到销售整个过程中，被污染的方式和程度也很复杂，其腐败变质产生的有毒物质多种多样，因此，腐败变质的农产品对人体健康造成的危害也表现不同。

（1）急性毒性。一般情况下，腐败变质农产品常引起急性中毒，轻者多以急性胃肠炎症状出现，如呕吐、恶心、腹痛、腹泻、发热等，经过治疗可以恢复健康；重者可在呼吸、循环、神经等系统出现症状，抢救及时可转危为安，如贻误时机会危及生命。

（2）慢性毒性或潜在危害。有些变质农产品中的有毒物质含量较少，或者由于本身毒性作用的特点，并不引起急性中毒，但长期食用，往往可造成慢性中毒，甚至可以表现为致癌、致畸、致突变的作用。

农产品的腐败变质，不仅损坏农产品的可食性，而且严重时会引起食物中毒及传播人畜共患疾病，产生安全问题。因此，防止农产品的腐败变质，对保证农产品安全和质量具有十分重要的意义。

二、霉菌对农产品的污染及其预防

自然界中的霉菌分布广泛，对各类农产品产生污染的机会很多，可以说所有农产品上都可能有霉菌生存。如在粮食加工及制作成品的过程中，油料作物的种子、水果、干果、肉类制品、乳制品、发酵食品等均发现过霉菌毒素。

（一）霉菌与霉菌毒素的污染

霉菌及霉菌毒素污染农产品后，引起的危害主要有两个方面：一是霉菌引起的变质降低农产品食用价值，甚至不可食用，每年全世界平均至少有2%的粮食因为霉变而不可食用；二是霉菌如在农产品或饲料中产毒可引起人畜霉菌毒素中毒，其中由霉菌毒素引起的中毒是影响农产品安全的重要因素。

霉菌毒素的中毒指霉菌毒素引起的对人体健康的各种损害。目前已知的霉菌毒素有200多种。与农产品安全关系密切的有黄曲霉毒素、镰刀菌毒素、赭曲霉毒素、杂色曲霉素、烟曲霉震颤素、单端孢霉烯化合物、玉米赤霉烯酮、伏马菌素，以及展青霉素、橘青霉素、黄绿青霉素等。其中最为重要的是黄曲霉素和镰刀菌毒素。

（二）霉菌性农产品中毒的预防与控制

在自然界中农产品要完全避免霉菌污染是比较困难的，但要保证农产品质量安全，就必须将霉菌毒素的含量控制在允许的范围内，主要做法从以下两方面入手：一方面需要减少谷物、饲料在田野、收获前后、储藏运输和加工过程中霉菌的污染和毒素的产生；另一方面需要在食用前和食用时去除毒素或不吃霉烂变质的谷物和毒素含量超过标准的食物，目前国内外采取的预防和去除霉菌毒素污染的重要措施如下。

（1）利用合理耕作，灌溉和施肥、适时收获来降低霉菌的侵染和毒素的产生。

（2）采取减少粮食及饲料的水分含量，降低储藏温度和改进储藏、加工方式的措施来减少霉菌毒素的污染。

（3）通过抗性育种、培养抗霉菌的作物品种。

（4）加强污染的检测和检验，严格执行相关卫生标准，禁止出售和进口霉菌毒素超量标准的粮食和饲料。

（5）利用碱炼法、活性白陶土和凹凸棒黏土或高岭土吸附法、紫外线照射法、山苍子油熏法和五香酚混合蒸煮法等化学、物理方法去毒。

以上方法用于去除花生中的黄曲霉毒素，是十分有效的。为了最大限度地抑制霉菌毒素对人类健康和安全的威胁，中国对农产品及其加工制品中黄曲霉毒素的允许残留量制定了相关的标准。中国规定大米、食用油中黄曲霉毒素允许量标准为10微克/千克，其他粮食、豆类及发酵食品为5微克/千克；婴儿代乳食品不得检出。

第二节　化学性污染

化学性污染是指在农产品生产、初加工、储藏、运输等过程中因环境因素或使用化学合成物质对农产品安全产生的危害。如环境受污染，使用化肥、农药、兽药、饲料添加剂、保鲜剂、防腐剂等导致的残留。

一、重金属污染

重金属污染主要来源于工业。工业能源大都以煤、石油类为主，它们是环境中汞、镉、铅、铬、砷等重金属污染的主要来源，在采矿、选矿、冶炼、锻造、加工、运输等工业生产过程中会产生大量的重金属污染。排放的废水、废气、废渣等直接进入大气、水体及土壤等环境中，从而使环境中重金属浓度严重超标。土壤、大气、水体中的重金属由作物吸收直接蓄积在作物体内；水体中的重金属则可通过食物链在生物中富集，如鱼吃草，大鱼吃小鱼。环境中的重金属通过各种渠道都可对农产品造成严重的污染，进入人体后在人体内蓄积，引起人体急性或慢性中毒。

（一）汞的污染及危害

1. 污染途径

未经净化处理的工业“三废”排放后造成河川海域等水体和土壤的汞污染。水中的汞多吸附在悬浮的固体微粒上而沉降于水底，使底泥中含汞量比水中高 7~25 倍，且可转化为甲基汞。环境中的汞通过食物链的富集作用导致在农产品中大量残留。

2. 对人体的危害

甲基汞进入人体后分布较广。对人体的影响取决于摄入量的多少。长期食用被汞污染的农产品，可引起慢性汞中毒，产生一系列不可逆的神经系统中毒症状。汞也能在肝、肾等脏器蓄积并透过人脑屏障在脑组织内蓄积，还可通过胎盘侵入胎儿，使胎儿发生中毒，严重的造成妇女不孕症、流产、死产或是初生婴儿患先天性水俣病，表现为发育不良，智力减退，甚至发生脑麻痹而死亡。

（二）镉的污染及危害

1. 污染途径

镉也是通过工业“三废”进入环境，如目前丢弃在环境中的废电池已成为重要的污染源。土壤中的溶解态镉能直接被植物吸收，不同的作物对镉的吸收能力不同，一般蔬菜含镉量比谷物籽粒高，且叶菜根类高于瓜果类蔬菜。水生生物能在水中富集镉，其体内浓度可比水体含量高 4 500 倍左右。动物体内的镉主要经食物、水摄入，且有明显的生物蓄积倾向。

2. 对人体的危害

镉也可在人体内蓄积，长期摄入含镉量较高的农产品，可患

严重的“痛痛病”（亦称骨痛病），症状以疼痛为主，初期腰背疼痛，以后逐渐扩至全身，疼痛性质为刺痛，安静时缓解，活动时加剧。镉对体内锌、铁、锰、硒、钙的代谢有影响，这些无机元素的缺乏及不足可增加镉的吸收及加强镉的毒性。

（三）铅的污染及危害

1. 污染途径

铅在自然界中分布很广，通过排放的工业“三废”使环境中铅含量进一步增加。植物通过根部吸收土壤中溶解状态的铅。农作物含铅量与生长期和部位有关，一般生长期长的高于生长期短的，根部含量高于茎叶和籽实。在加工过程中，铅可通过生产用水、容器、设备、包装等途径进入农产品。

2. 对人体的危害

食用被铅化物污染的农产品，可引起神经系统、造血器官和肾脏等发生明显的病变。患者可查出点彩红细胞和牙龈的铅线。常见的症状有食欲不振、胃肠炎、口腔金属味、失眠、头痛、头晕、肌肉关节酸痛、腹痛、腹泻或便秘贫血等。

（四）砷的污染及危害

1. 污染途径

砷在自然界广泛存在，砷的化合物种类很多，但三氧化二砷是剧毒物质。化工冶炼、焦化和砷矿开采产生的废水、废气、废渣中的含砷物质污染水源、土壤等环境后，可再间接污染农产品。水生生物特别是海洋甲壳纲动物对砷有很强的富集能力，可浓缩高达 3 300 倍。用含砷废水灌溉农田，砷可在植株各部分残留，其残留量与废水中砷浓度成正比。农业上由于广泛使用含砷农药，导致农作物直接吸收和通过土壤吸收的砷大大增多。

2. 对人体的危害

由砷污染农产品或受砷废水污染的饮水而引起中毒。急性中毒主要表现为胃肠炎症状、中枢神经系统麻痹、四肢疼痛，甚至意识丧失而亡。慢性中毒表现为植物性神经衰弱症、皮肤色素沉着、过度角化、多发性神经炎、肢体血管痉挛、坏疽等症状。

(五) 铬的污染及危害

1. 污染途径

铬是构成地球的元素之一，广泛地存在于自然界。含有铬的废水和废渣是环境铬污染的主要来源，尤其是皮革厂、电镀厂的废水、下脚料等含铬量较高。环境中的铬可以通过水、空气、土壤的污染而进入生物体。目前农产品中铬污染严重主要是由于用含铬污水灌溉农田。据测定，用污水灌溉的农田土壤及农作物的含铬量随污灌年限及污灌水的浓度而逐渐增加。作物中的铬大部分在茎叶中。水体中的铬能被生物吸收并在体内蓄积。

2. 对人体的危害

铬是人和动物所必需的一种微量元素，人体中缺铬会影响糖类和脂类的代谢，引起动脉粥样硬化。但过量摄入铬会导致人体中毒。铬中毒主要以六价铬引起，它比三价铬的毒性高 100 倍，可以干扰体内多种酶的活性，影响物质的氧化还原和水解过程。小剂量的铬可加速淀粉酶的分解，高剂量则可减慢淀粉酶的分解过程。铬能与核蛋白、核酸结合，六价铬可促进维生素 C 的氧化，破坏维生素 C 的生理功能。近来研究表明，铬先以六价的形式渗入细胞，然后在细胞内还原为三价铬而构成“终致癌物”，与细胞内大分子相结合，引起遗传密码的改变，进而引起细胞的突变和癌变。

二、化肥污染

(一) 化肥概念

化肥是指用矿物、空气、水等作原料，经过化学加工制成的

无机肥料。常用的化肥有氮肥、磷肥、钾肥。农业生产中施用化肥，能给农作物补充正常生长所需的养料，对提高农作物产量有很大的作用，但是化肥本身，特别是在不合理施用的情况下，也会使环境受到污染。

（二）化肥的污染表现

化肥造成的污染主要表现在以下方面。

（1）化肥随农业退水和地表流水进入河、湖、库、塘造成水体富营养化。据监测，许多浅层地下水中硝酸盐、铵态氮肥、亚硝酸盐等含氮化合物严重超标，其中还含有一些致癌物质。

（2）化肥施用不合理，使土壤板结、地力下降。

（3）在化肥原料和生产过程中产生的一些对人体有毒有害的微量重金属、无机盐和有机物等成分通过化肥而进入土壤，并在土壤中积累。

（4）化肥施用方法不当，造成大气污染。例如，氮素化肥浅施，撒施后往往造成氮的逸失，进入大气，造成污染；氮肥使用不当，也会增加大气中二氧化氮的含量，增强温室效应，造成植物营养失衡，使植物徒长而造成病虫害大面积发生。

三、农药污染

（一）农药的概念

农药是防治植物病虫害、去除杂草、调节农作物生长、实现农业机械化，以及提高家畜产品产量和质量的主要措施。农药污染主要表现为农药残留。农药残留是指农药使用后在农作物、土壤、水体、农产品中残存的农药母体、衍生物、代谢物、溶解物等的总称。农药的残留状况除了农药的品种及化学性质有关外，还与施药的浓度、剂量、次数、时间以及气象条件等因素有关。农药残留性越大，在农产品中残留量也越大，对人体的危害也越大。

（二）农药的污染表现

农药对农产品的污染主要在以下方面。

（1）施用农药对农作物的直接污染。农药一般喷洒在农作物表面，首先在蔬菜、水果等农产品表面残留，随后通过根茎叶被农作物吸收并在体内代谢后残留于农作物组织内。

（2）农药使用不当。不遵守安全间隔期的有关规定。安全间隔期是指最后一次施药至作物收获时允许的间隔天数。农药使用不当，没有在安全间隔期后进行收获，是造成农药急性中毒的主要原因。

（3）农药的利用率低于30%，大部分使用的农药逸散于环境中。植物可以从环境中吸收，动物则通过食物链的富集作用造成在农药组织中的残留。

（4）农药在运输、储存中保管不当，也可造成农产品的农药污染。

四、兽药的残留

（一）兽药残留的概念

兽药残留是指动物产品的任何可食部分所含兽药的母体化合物及（或）其谢代物，以及与兽药有关的杂质。所以兽药残留既包括原药，也包括药物在动物体内的代谢产物和兽药生产中所伴生的有害杂质。兽药经各种途径进入动物体后，分布到几乎全身各个器官，也可通过泌乳和产蛋过程而残留在乳和蛋中。兽药在动物体内的残留量与兽药种类、给药方式、停药时间及器官和组织的种类有很大关系。在一般情况下，对兽药有代谢作用的脏器，如肝脏、肾脏，其兽药残留量较高。另外动物种类不同，兽药代谢的速率也不同，例如通常所用药物在鸡体内的半衰期大多

数在 12 小时以下，多数鸡用药物的休药期为 7 天。

（二）动物性农产品中残留量超标的原因

动物性农产品中残留量超标主要有以下 6 个方面的原因。

（1）对违禁或淘汰药物的使用。将有些不被允许使用的药物当作添加剂使用往往会造成其残留量大、残留期长，对人体危害严重。

（2）不遵守休药期的有关规定。

（3）滥用药物。由于错用、超量使用兽药，如把治疗量当作添加量长期使用。

（4）饲料在加工过程中受到污染。如将盛过抗菌药物的容器储藏饲料，或使用盛过药物而没充分清洗的储藏器，都会造成饲料加工过程中兽药污染。

（5）用药无记录或方法错误。如在用药剂量、给药途径、用药部位和用药动物种类等方面不符合用药规定，造成药物残留在体内。由于没有用药记录而重复用药等，也会造成药物在动物体内大量残留。

（6）屠宰前使用兽药。屠宰前使用兽药用来掩饰病畜禽临床症状，逃避宰前检验，很可能造成肉用动物的兽药残留。

五、添加剂的危害

（一）添加剂的分类

联合国粮食及农业组织和世界卫生组织把食品添加剂分为 3 类。

（1）安全类添加剂。经过毒理学评价，不需制定或已制定每人每日允许摄入量（ADI），这类添加剂一般只要按标准使用，不会对人体造成危害，影响身体健康。

（2）有争议的食品添加剂。进行过或未进行安全性评价，毒理学资源不足，有些国家的学者研究认为这类添加剂可能会对人体造成危害，影响健康，但没有准确的科学依据。这类添加剂在每个国家的要求不一样，有些国家认为无害，就允许使用；有些国家则禁止。

（3）认定的有害添加剂。根据毒理学实验证明对人体有害，但为加工某种食品不得不使用。对此类添加剂限定很严格，如火腿肠中使用的亚硝酸盐，能够与畜肉、鱼肉等发生仲胺反应生成亚硝基化合物，属于强致癌物质，但若在肉食品中不加亚硝酸盐，就不可能形成诱人的肉红色。

（二）食品添加剂对人体的危害

食品添加剂对人体的毒性作用主要有急性毒性作用和慢性毒性作用。急性毒性作用一般只有在误食或滥用的情况下才会发生，慢性毒性作用表现为致癌、致畸和致突变。食品添加剂具有叠加毒性，即单独一种添加剂的毒性可能很小，但两种以上组合后可能会产生新的较强的毒性，特别是当它们与农产品中其他化学物质如农药残留、重金属等一同摄入，可能使原来无致癌性的物质转变为致癌物质。另外，有资料表明一些食品添加剂，如水杨酸、色素、香精等造成儿童产生过激、暴力等异常行为。

目前，各国在批准使用新的添加剂之前，首先要考虑它的安全性，搞清楚它的来源，并进行安全性评价，经过科学实验表明，确实没有蓄积毒性，才能批准投产使用，并严格规定其安全剂量。因此，食品添加剂对人体的危害，一方面是由于使用不当或超量使用，即“剂量决定危害”；另一方面是使用不符合卫生标准的食品添加剂或将化工用品用于农产品生产中。例如，过多摄入苯甲酸及其盐类可引起肠炎性过敏反应；腌、腊制品添加过量的硝酸盐、亚硝酸盐会引起急、慢性食物中毒；一些色素在人体内蓄积会使人中毒或致癌等。

第三节　农产品中的天然毒素

一、天然食物引起食物中毒的类型

由天然食物引起的食物中毒主要有以下 5 类。

（一）人体遗传因素

农产品成分和食用量都正常，却由于个别人体遗传因素的特殊性而引起的症状。如有些特殊人群因先天缺乏乳糖酶，不能将牛乳中的乳糖分解为葡萄糖和半乳糖，因而不能吸收利用乳糖，饮用牛乳后出现腹胀、腹泻等乳糖不耐受症状。

（二）过敏反应

农产品成分和食用量都正常，却因过敏反应而发生的症状。某些人日常食用无害食品后，因身体敏感而引起局部或全身不适症状，称为食物过敏。各种肉类、鱼类、蛋类、蔬菜和水果都可以成为某些人的过敏原食物。

（三）食用量过大

农产品成分正常，但因食用量过大引起各种症状。如连日大量食用荔枝，可引起“荔枝病”，出现饥饿感、头晕、心悸、无力、出冷汗，重者甚至死亡。

（四）食品加工处理不当

对含有天然毒素的农产品处理不当或不能彻底清除毒素，食用后会引起相应的中毒症状。如河豚、鲜黄花菜、发芽的马铃薯等，若处理不当，少量食用亦可引起中毒。

（五）误食含毒素的生物

某些外形与正常食物相似，而实际含有有毒成分的生物有机体，被作为食物误食而引起中毒（如毒蕈等）。

二、常见含有天然毒素的农产品

天然毒素是指生物体本身含有的或生物体在代谢过程中产生的某些有毒成分。在可作为农产品的生物中，包括植物、动物和微生物，存在着许多天然毒素。常见含有天然毒素农产品如下。

(一) 植物性食物

1. 菜豆和大豆

菜豆（四季豆）和大豆中含有皂苷。食用不当易引起食物中毒，一年四季皆可发生。烹调不当、炒煮未至熟透的豆类，所含皂苷不能完全被破坏即可引起中毒。潜伏期一般 2~4 小时，症状为呕吐、腹泻（水样便）、头疼、胸闷、四肢发麻，病程为数小时或 1~2 天，恢复快，预后良好。因此烹调时应使菜豆充分熟透，至青绿色消失、无豆腥味、无生硬感，以破坏其中所含有的全部毒素。

2. 含氰苷食物

能引起食物中毒的氰苷类化合物主要有苦杏仁苷和亚麻苦苷。苦杏仁苷主要存在于果仁中，而亚麻苦苷主要存在于木薯、亚麻籽及其幼苗中，以及玉米、高粱、燕麦、水稻等农作物的幼苗中。其中以苦杏仁、苦桃仁、木薯，以及玉米和高粱的幼苗毒性较大。如儿童生食 6 粒苦杏仁即可中毒；生食或食用未煮熟透的木薯或喝煮木薯的汤也可引起中毒。苦杏仁中毒潜伏期为 0.5~5 小时，木薯中毒潜伏期为 1~12 小时。先有口中苦涩、流涎、头晕、头痛、恶心、呕吐、心悸、脉频及四肢乏力等症状，重症者胸闷、呼吸困难，严重者意识不清、昏迷、四肢冰冷，最后因呼吸麻痹或心跳停止而死亡。

3. 发芽马铃薯

马铃薯（土豆）发芽后可大量产生一种对人体具有毒性的

生物碱——龙葵素，当人体摄入 0.2~0.4 克时，就会发生严重中毒。马铃薯中龙葵素一般含量为每 100 克 2~10 毫克，容易发芽或部分变黑绿色，烹调时又未能除去或破坏龙葵素，食后便易发生中毒。其潜伏期为数十分钟至数小时，出现舌咽麻痒、胃部灼痛及胃肠炎症状，瞳孔散大、耳鸣等，重病者抽搐、意识丧失甚至死亡。

（二）动物性食物

1. 河豚

河豚含有剧毒物质河豚毒素和河豚酸，0.5 毫克河豚毒素就可以致体重 70 千克的人死亡。河豚毒素主要存在于卵巢和肝脏内，其次为肾脏、血液、眼睛、鳃和皮肤。河豚毒素的含量随河豚的品种、雌雄、季节而不同，一般雌河豚中毒素较高，特别是在春夏季的怀孕阶段毒性最强。河豚毒素是一种很强的神经型毒素，能使肌肉麻痹。发病急速而剧烈，潜伏期短（10 分钟至 3 小时），死亡率高。最初感觉口渴，唇、舌、手指发麻，然后出现胃肠道症状，以后发展到四肢麻痹、共济失调、瘫痪，血压和体温下降，重症者因呼吸衰竭窒息致死。

河豚毒素为小分子化合物，对热稳定，一般的烹饪加工方法很难将之破坏。但河豚味道鲜美，每年都有一些食客拼死吃河豚而发生中毒致死事件。因此，河豚中毒是世界上严重的动物性食物中毒之一，各国都很重视。水产收购、加工、市场管理等部门应严格把关，防止鲜河豚进入市场或混进其他水产品中导致误食而中毒。

2. 青皮红鱼类

青皮红肉的鱼类（如鲣鱼、鲐鱼、秋刀鱼、沙丁鱼、竹荚鱼、金枪鱼等）可引起类过敏性食物中毒。这类鱼肌肉中含较高的组氨酸，当受到富含组氨酸脱羟酶的细菌污染和作用后，形成大量组胺，一般人体当组胺摄入量超过 1.5 毫克/千克时，极易发生中毒。当然也与个体与组胺的过敏性有关。组胺中毒是一种过敏性食物中毒，其主要症状为：面部、胸部或全身潮红，头痛，头晕，胸闷，呼吸急迫；部分病人出现结膜血、口唇肿，或口、舌、四肢发麻，以及恶心、呕吐、腹痛、腹泻、荨麻疹；有的可出现支气管哮喘，呼吸困难，血压下降。病程大多为 1~2 天，预后良好。

3. 贝类

某些无毒可供食用的贝类，在摄取了有毒藻类后，就被毒化。因毒素在贝类体内呈结合状态，故贝体本身并不中毒，也无外形上的变化。当人们食用这种贝类后，毒素被迅速释放而发生麻痹性神经症状，称为麻痹性贝类中毒。

中国浙江、福建、广东等地曾多次发生贝类中毒，导致中毒的贝类有蚶子、花蛤、香螺、织纹螺等经常食用的贝类。

有毒藻类主要为甲藻类，特别是一些属于膝沟藻科的藻类。毒藻类中的贝类麻痹性毒素主要是石房蛤毒素，它是一种神经毒，毒性较强，且耐热，一般的烹饪方法不易完全破坏，对人经口致死量为 0.54~0.9 毫克。中毒症状表现为：突然发病，唇、舌麻木，指端麻痹，头晕恶心，胸闷乏力等；部分病人伴有低热；重症者则昏迷，呼吸困难，最后因呼吸衰竭窒息而死亡。

（三）毒蕈

蕈菌一般称作蘑菇，不是分类学上的术语，而是指所有具子实体（担子果和子囊果）的大型高等毒菌的伞形子实体。蕈类通常分为食蕈、条件食蕈和毒蕈 3 类。食蕈味道鲜美，有一定的营养价值；条件食蕈，主要指通过加热、水洗或晒干等处理后方可安全食用的蕈类（如乳菇类）；毒蕈系指食后能引起中毒的蕈类。

毒蕈中含有多种毒素，所含毒素的种类与含量因品种、地区、季节、生长条件的不同而异。中毒的发生与食用者个体体质、烹调方法、饮食习惯有关。

毒蕈的有毒成分比较复杂，往往一种毒素存在于几种毒蕈中或一种毒蕈可能含有多种毒素。几种有毒成分同时存在时，有的互相抵制，有的互相协同，因而症状较为复杂。一般按临床表现将毒蕈中毒分为 4 种类型。

（1）肝肾损坏型（原浆毒型）。主要为消化道症状。

（2）神经毒型。除有胃肠反应外，主要是精神神经症状，如精神兴奋或抑制、精神错乱、交感或副交感神经受影响等。除少数严重中毒者因昏迷或呼吸抑制死亡外，很少有死亡案例。

（3）溶血毒型。除致胃肠炎症状外，还可引起溶血性贫血、肝脏肿大或肾脏的损坏。

（4）胃肠毒型。是以恶心、呕吐、腹痛、腹泻为主的中毒。

第四节　现代科技风险

现代科技的进步是一把双刃剑，促进了农产品产量的提高和品种丰富的同时，也带来了未知的风险。

一、科技的不成熟带来安全隐患

转基因技术作为新兴生物技术的典型代表，为解决全球粮食危机提供了很好的机遇，但其隐患和风险不容忽视。当前国内对转基因作物实施强制标识，但相关的检测监管力度不够导致部分企业刻意回避转基因标识问题。

二、科技的过度使用增加变异风险

随着食品工业的发展，添加剂、激素、抗生素被广泛用于农作物增产催熟、防腐变质、改善口感等。尽管这些技术已经比较成熟，而且各国都非常重视这些化学品的食用安全性，但现实情况仍然令人担忧。医学界普遍认为食品中的过量激素会危害肾脏、神经系统和生殖系统，焦油色素、染色剂等食品添加剂容易导致荨麻疹、哮喘、过敏性皮炎等病症。

第五章　农业投入品管控

第一节　种植业投入品管控

一、农药的使用与管理

（一）农药的概念与类别

农药是种植业农产品生产中最重要的投入品之一，其科学使用与农产品安全的关系极其密切。根据 2022 年修订的《中华人民共和国农药管理条例》对农药的界定，农药是指用于预防、控制危害农业、林业的病、虫、草、鼠和其他有害生物以及有目的地调节植物、昆虫生长的化学合成或者来源于生物、其他天然物质的一种物质或者几种物质的混合物及其制剂。

农药种类繁多，按农药主要的防治对象分类，农药可分为以下 7 类。

（1）杀虫剂。对昆虫机体有直接毒杀作用，以及通过其他途径可控制其他种群形成或可减轻、消除害虫为害程度的药剂。

（2）杀螨剂。可以防除植食性有害螨类的药剂。

（3）杀菌剂。对病原菌能起到杀死、抑制或中和其有毒代谢物，因而可使农产品免受病菌为害或可消除病症、病状的药剂。

（4）杀线虫剂。用于防治农作物线虫病害。

（5）除草剂。可以用来防除杂草的药剂。

（6）杀鼠剂。用于毒杀多种场合中各种有害鼠类的药剂。

（7）植物生长调节剂。对植物生长发育有控制、促进或调节作用的药剂。

（二）农药的使用原则

1.“预防为主，综合防治”原则

在种植业农产品生产中，应贯彻“预防为主，综合防治”的植保方针，以农业防治为基础，优先选用生物、物理、生态防治等有效的非化学防治手段。要树立农药的使用只是应急手段的意识，有害生物的防治应实施综合防治的手段。

2. 有针对性地选用农药原则

各种生物在生长发育过程中都会存在某些薄弱环节，此时用药效果最好。作物病、虫、草、鼠害种类多，各地之间差异也很大，即使同一种有害生物，分布于不同地区，其行为、习性、生理性、生态性也可能不同。它们对药剂的反应及耐药力均会有所变化，甚至在甲地表现很好防效的药剂，在乙地可能效果很差。所以在选用农药时，除了要坚持根据有害生物的类别选用相应的药剂种类这一基本原则外，任何新农药的选用和推广均需经过预试验或示范试验。

3. 保护环境和利用环境因素原则

农药的使用要贯彻保护环境的原则，任何农药的使用不能超出环境的承受能力，更要避免因大量杀伤非靶标生物而严重破坏农田生态环境。农药的使用要充分考虑到环境因素的影响，在有害生物防治工作中，常会发现使用同一种药剂防治同一种有害生物时，由于不同地区环境条件的差异而导致药剂差别很大。一般来讲，在一定的温度范围内，温度越高，生物活性和有害生物的生活力均较强，药效容易发挥，有害生物容易中毒，所以杀虫

剂、杀菌剂和除草剂的大部分品种为正温度系数。一般情况下，除草剂只有在光照下才能起到杀草作用。

4. 安全使用农药原则

农药是一类生物毒剂，绝大多数对高等动物有一定的毒性，如果使用不当就可能造成人畜中毒。管理部门多年来为农药的安全管理、科学使用、预防中毒，发布了一系列通知和法令，从事农药工作的人员应熟悉有关内容并严格遵守，以防中毒事故的发生，适时适量地使用农药，不可随意进行大剂量、大面积、全覆盖式施药，以防过量的农药残留对农田、水域、地下水的污染。

5. 适量、适时、适法使用农药原则

（1）要适量用药。作物病虫草害防治过程中，要尽量减少用药次数和用药量。在田间药剂防治病虫害出现药效降低现象时，要及时分析原因，绝不能随便增大用药量。

（2）要适时用药。施药适期主要指用药剂攻击有害生物生长生育过程中最脆弱的时期和环节，这要在对有害生物发生发展规律和药剂基本特点全面了解的基础上作出决定。适时用药还要避开农作物最易受害的危险期，以保证作物丰收。

（3）要适法用药。农药的使用方法很多，就某一病虫害而言，究竟采用哪种用药方法，应根据所用药的特性及病虫草害的特点等实际情况进行选择，做到用药少、防效好、污染小。

病害防治的关键是根据准确的预报预测，以预防为主，重点是根据各类病害的发生特点，在病菌侵染初期进行防治。对多次侵染的病害要掌握药剂特效期，决定施药时间和次数，对于一年一次侵染的病害，只要把握好侵染期前后施药，便可获得良好的效果。

6. 轮换使用、合理混用农药原则

（1）轮换使用农药。长期连续使用同一种农药是导致有害生物产生抗药性的主要原因。根据农作物害虫发生特点，选用作用机制不同的农药及生物制剂进行轮换、交替使用。同时，也可选用一些新型农药及特异性杀虫剂，如昆虫性激素、昆虫拒食剂、灭幼脲等。

（2）合理混用农药。农药混用是指两种或两种以上的农药混合在一起使用的施药方法。在农业生产中，经常会出现几种害虫同时为害或病虫草同时发生的情况，防治时要使用农药混合制剂或者直接把两种含有不同有效成分、具有不同作用和特性的农药混用。农药混用的原则是混用后理化性质不能发生变化，安全性、药效不能降低，使用剂量要合理。

7. 合理使用农药增效剂

增效剂本身并无活性，但与相应的农药混用时，能明显改善其润湿、展布、分散、滞留和渗透性能，减少喷雾药液随风（气流）飘移，防止或减轻对邻近敏感作物等产生损害，有利于药液在叶面铺展及黏附、减少紫外线对农药制剂中有效成分的分解，达到延长药效有效期，提高其生物活性，减少用量，降低成本，保护生态环境的目的。

（三）农药的科学管理

为了加强对农药生产、经营和使用的监督管理，保证农药质量，保护农业、林业生产和生态环境，维护人畜安全，我国制定了《中华人民共和国农药管理条例》《农药管理条例实施细则》等相关法律法规，涵括了登记管理、经营管理、使用管理和残留监控等环节。

（1）实行农药登记制度。农药生产企业、向中国出口农药的企业应当依照本条例的规定申请农药登记，新农药研制者可以依照《中华人民共和国农药管理条例》的规定申请农药登记。国务院农业主管部门所属的负责农药检定工作的机构负责农药登

记具体工作。省、自治区、直辖市人民政府农业主管部门所属的负责农药检定工作的机构协助做好本行政区域的农药登记具体工作。

（2）加快农药标准化的建设。主要基础标准有：《农药中文通用名称》（GB 4839—2009）；《农药剂型名称及代码》（GB/T 19378—2017）；真菌农药产品标准编写系列规范（GB/T 21459.1～5—2008）；农药产品标准编写系列规范（HG/T 2467.1～20—2003）；农药登记管理术语系列规范（NY/T 1667.1～8—2008）；《农药通用名称及制剂名称命名原则和程序》（HG/T 3308—2001）；《加工农产品中农药残留试验准则》（NY/T 3095—2017）；《农作物中农药残留试验准则》（NY/T 788—2018）；《畜禽中农药残留试验准则》（NY/T 3558—2020）等。

（3）大力推广应用生物农药、转基因生物、天敌生物等，指导种植人员科学合理使用农药，严格执行农产品安全生产的相关标准和规定，加强农产品农药残留检测和执法，切实保障农产品安全。

二、肥料的使用与管理

（一）肥料的种类

现代种植业生产离不开肥料。施肥的目的是提高作物产量、改善农产品品质、培肥土壤、提高地力水平。肥料的种类很多，选择肥料一定要考虑土壤肥力、作物种类等，做到因土、因作物平衡施肥，方能达到高产、优质、高效、防止环境污染和改土培肥等目标。按我国农产品生产的相关标准，我们把肥料分成农家肥料、商品肥料和其他肥料三大类。

1. 农家肥料

农家肥料指自行就地取材、积制，就地使用且含有大量生物物质，如动植物残体、排泄物、生物废物等的肥料。包括堆肥、沤肥、厩肥、沼气肥、绿肥、作物秸秆肥、泥肥、饼肥。

2. 商品肥料

商品肥料就是按国家法规规定，由国家肥料管理部门审批以商品形式出售的肥料。包含商业有机肥料、腐殖酸类肥料、微生物肥料、有机复合肥、无机肥料、叶面肥料等。

3. 其他肥料

其他肥料包括可以用作肥料不含合成添加剂的食品、纺织工业的有机副产品，以及不含有防腐剂的鱼渣、牛羊毛肥料、骨粉、氨基酸残渣、骨胶废渣、家畜加工废料、糖厂废料等有机物质制成的肥料。

（二）合理施肥的原则

1. 重施有机肥的原则

有机肥营养全面、有机质丰富，其肥效缓慢而持久，对作物生长、产量和品质都有良好影响。同时有机肥可改良土壤，改善土壤中通气状况，增强土壤缓冲和吸附能力，加快作物根系的生育和养分的吸收，可增强土壤微生物的活动，释放出大量的二氧化碳和有机酸，不仅能加强光合作用，而且可使土壤中原有难溶性的无机盐转化为易吸收的养分，适合于种植业农产品安全生产。

2. 重施基肥的原则

基肥是指作物生育处于相对休止期前后施用的肥料。基肥种类可以单施有机肥，也可用有机肥和速效性化肥混合施，同时配合施入适量的磷、钾肥。

3. 平衡施肥的原则

作物经济产量的形成，要吸收大量的氮、磷、钾、钙等元素。在作物生育过程中，对氮素的吸收量也最大，但是作物对各

种养分的吸收是平衡的、按比例的，在施用氮肥的同时，必须按比例施用一定数量的磷、钾、镁、钙及其他微量元素，才能提高土壤肥力，保证作物的旺盛生长。

4. 安全施肥的原则

由于肥料本身的特性以及生产工艺、技术的限制，目前施用的肥料在一定程度上是农产品不安全因素的来源之一。如有机肥料中含有有害微生物、寄生虫、病原体、杂草种子、化学农药残留物、有害重金属等，化学肥料也可能会有各种有害金属和其他有害物质，所以农家肥必须充分发酵腐熟，商品肥必须要达到相关标准。

5. 因地制宜的原则

我国区域辽阔，土壤类型繁多，气候条件复杂，作物种类繁多，在确定施肥方法时，应根据当地的作物品种、生产状况、气候特点、土壤肥力及灌溉、耕作技术等农业技术实际情况，因地制宜、灵活掌握。要“看天、看地、看肥、看作物”施肥，即要做到因天气、因地方、因作物、因肥力而施肥。

6. 配方施肥的原则

根据作物的需肥规律、土壤供肥规律及肥料效应，确定有机钾肥和氮、磷、钾以及微量元素肥料的适宜用量和比例，以及相应的施肥技术，这是一种集测土、化验、配方、生产、供应、施用为一体的作物施肥新技术，以强调施足有机肥为基础，将氮、磷、钾和微量元素肥料合理搭配施入土壤，以达到土壤养分供需平衡的科学施肥的目的。

(三) 肥料的科学管理

为了防止施肥污染，做到安全施肥，国家对各种肥料（其中包括商品性肥料和农家肥）制定了一系列标准，将施肥污染降到最低水平，并控制在环保和农产品安全质量允许范围以内。商品肥要尽量选择通过绿色食品认证的产品，确保安全。农家肥必须充分发酵腐熟，在高温发酵过程中，堆肥内部温度可达到55~70℃，持续10~15天，既能杀灭堆肥中的病原菌、虫卵、杂草种子等，又能对废弃物中所含的有机氯等农药有明显的降解作用，但是草木灰应单独防潮储存，单独施用，否则会使所含钾肥大量流失，降低肥效。

三、保鲜剂的使用与管理

（一）常见的保鲜剂

保鲜剂对提高农产品储藏质量、延长储藏期有重要的作用，使农产品的储藏质量提高了一大步，创造了巨大的经济效益和社会效益，使农产品安全生产形成了一条重要的不间断的链条环节。种植业农产品保鲜剂主要有：天然保鲜剂、乙烯脱除剂、防腐保鲜剂、涂被保鲜剂、气体发生保鲜剂、气体调节保鲜剂、湿度调节剂保鲜剂及生理活性调节保鲜剂等。

1. 天然保鲜剂

天然保鲜剂的种类很多，目前商品化应用的主要品种包括：柠檬酸类果蔬保鲜剂、纤维素类保鲜剂、节肢动物外壳提取物、复合维生素C衍生物保鲜剂、岩盐提取物等。如：柠檬酸类果蔬保鲜剂能有效地抑制果蔬的氧化及酶促褐变作用；纤维素类保鲜剂通过抑制果蔬的呼吸作用和水分蒸发，让果实休眠，使它放慢老化或成熟速度；节肢动物外壳提取物是一种高分子量的多糖，安全无毒，可被水洗掉，也可被生物降解，不存在残留毒性问题，适用于苹果、梨、桃和番茄等果蔬保鲜；复合维生素C衍生物保鲜剂可用于水果去皮后、加工前的保鲜处理，在罐头、果脯蜜饯及果汁饮料等的生产中可替代亚硫酸盐作为一种无公害、不影响产品味道的保鲜剂而被广泛应用。

2. 乙烯脱除剂

乙烯是一种植物激素，对新鲜果蔬具有多种生理作用，它会加速植物的呼吸作用，促进成熟和衰老，加速许多水果的软化和后熟，它的积累还会导致绿菜发黄和果蔬采后生理失调，对果蔬的货架期有不利的影响。因此，为了延长果蔬的货架期，保持其感官质量，包装袋内的乙烯必须脱除。此类脱除剂又包括物理吸附型乙烯脱除剂、氧化吸附型乙烯脱除剂、催化剂型乙烯脱除剂。

3. 防腐保鲜剂

微生物侵染常常是果蔬腐败变质的重要原因，可利用化学或天然抗菌剂防止霉菌和其他污染菌滋生繁殖，从而起到防腐保鲜的作用。因此根据防治功能，防腐保鲜剂可分为防护型防腐保鲜剂和内吸型防腐保鲜剂。防护型防腐保鲜剂可防止病原物从果皮损伤部位进入果实；内吸型防腐保鲜剂对侵入果蔬的病原微生物防治效果明显。

4. 涂被保鲜剂

通常是用蜡（蜂蜡、石蜡、虫蜡等）、天然树脂（以我国云南玉溪产虫胶制品质量最佳）、脂类（如棉籽油等）、明胶、淀粉等造膜物质制成适当浓度的水溶液或者乳液。采用浸渍、涂抹、喷布等方法施于果蔬的表面，风干后形成一层薄薄的透明被膜，以达到抑制果蔬呼吸作用的目的。

5. 气体发生保鲜剂

利用挥发性物质或经化学反应产生的气体，起到杀菌消毒或脱除乙烯的作用，同时还可以起到催熟、着色或脱涩的作用。目前常用的气体发生剂包括二氧化硫发生剂、主要卤族气体发生剂等。二氧化硫发生剂常用于储藏中易发生灰霉病的葡萄、芦笋、花椰菜等果蔬。正乙醇具有抗菌力，安全性好且在低浓度下有效，所以作为食品的鲜度保持剂而被广泛应用。

6. 气体调节保鲜剂

气体调节保鲜剂通过调节储藏中的气体成分，主要是氧气、二氧化碳的浓度，可达到保鲜的目的。

7. 湿度调节剂保鲜剂

果蔬储藏过程中，为保持一定的湿度，通常采取在塑料薄膜包装内施用水分蒸发抑制剂和防结露剂的方法来调节，以达到延长储藏期目的。此类保鲜剂主要包括蒸汽抑制剂、脱水剂。此保鲜剂适用于葡萄、桃、李、苹果、梨、柑橘等水果，以及蘑菇、花椰菜、菠菜、蒜薹、青椒、番茄等蔬菜。

8. 生理活性调节保鲜剂

生理活性调节保鲜剂系指对植物生长具有生理活性的物质（植物激素）和能够调节或刺激植物生长的化学药剂，主要有抑芽丹、苄基腺嘌呤、2,4-滴等。如用0.1克苄基腺嘌呤溶解于5 000毫升水中，配制成0.002%的溶液，用浸渍法处理叶菜类，能够抑制其呼吸和代谢，有效地保持品质。这种保鲜剂适用于芹菜、莴苣、甘蓝、青花菜、大白菜等叶菜类和菜豆、青椒、黄瓜等。使用浓度通常为0.000 5%~0.002%。

（二）保鲜剂使用的原则

在农产品的储藏保鲜技术中，保鲜剂的使用作为一项必不可少的辅助技术及常温下的一项独立技术而被广泛采用。一般采用化学合成物质作为保鲜剂有较好的保鲜防腐效果，但很多化学合成物质对人体健康有一定的潜在风险，甚至可能出现致癌等现象。因此一定要在保证农产品质量的前提下使用保鲜剂。一般使用保鲜剂的原则：一是优先选择天然保鲜剂；二是根据作用效果选择适宜的保鲜剂；三是根据储藏技术选择保鲜剂的种类；四是严格控制保鲜剂的用量，遵守使用要求。

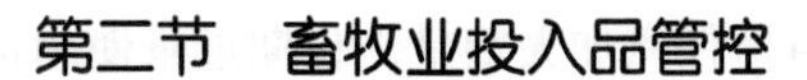

第二节　畜牧业投入品管控

一、兽药的使用与管理

兽药是指用于预防、治疗、诊断动物疾病或者有目的地调节动物生理功能的物质（含药物饲料添加剂），兽药包括血清制品、疫苗、诊断制品、微生态制品、中兽药、中成药、化学药品、抗生素、生化药品、放射性药品及外用杀虫剂、消毒剂等。兽药的使用对象为家畜、家禽、宠物、野生动物、水产动物、蜂、蚕等。科学合理地使用兽药，就是要求最大限度地发挥药物的预防、治疗和诊断等有益作用，同时使药物的有害作用降低到最低程度。

（一）兽药的使用原则

1. 坚持预防为主原则

由于养殖者对畜禽疾病，特别是传染病方面的认识不足，往往出现重治疗、不重预防的现象，这是十分错误的。有的畜禽疫病只能早期预防，无法进行治疗。因此，有计划、有目的、适时地使用疫苗或采取其他措施进行预防就显得十分重要。

2. 坚持正确诊断动物疾病，对因、对症、适量原则

正确用药的前提是正确诊断动物疾病，临床上，根据病因和症状选择药物是减少浪费、降低成本的有效方法。如果条件允许，最好是对分离的病菌做药敏试验，然后有针对性地选择药物，杜绝滥用兽药现象。药物剂量是决定药物效应的关键因素，用药量过小不产生任何效应，用药量过大会引起中毒，甚至死亡。要做到安全有效，就应该严格控制药物剂量范围，按规定的药量、时间与次数给药。生产中使用青霉素、链霉素等常用兽药

效果不明显时，要深入分析原因，改变思路和选择合适的药物和方剂，切忌盲目地任意加大剂量，长期过量使用抗生素，这样做不但不能将病菌杀死或抑制，相反，会使微生物增加对药物的耐受性和适应性，结果只能使动物感染性疾病更加难治。

3. 严格遵循兽药配伍原则

坚持低毒、安全、高效原则，科学配伍兽药。科学配伍使用兽药，可起到增强疗效、降低成本、缩短疗程等积极作用，但如果药物配伍使用不当，将起相反作用，导致饲养成本加大、畜禽用药中毒、动物机体药物残留超标和畜禽疾病得不到及时有效治疗等副作用。临床常见的不合理配伍用药很多，如庆大霉素与青霉素、5%的碳酸氢钠配伍，链霉素与庆大霉素、卡那霉素配伍等，这既导致配伍药物失效或产生毒副作用，又无故增加了饲养者的经济负担。

4. 合理把握疗程原则

当确有疾病发生时，治疗用药要在兽医人员指导下规范使用，不得私自用药。用药必须有兽医的处方，处方上的每种药必须标明休药期，饲养过程的用药必须有详细的记录。对常规畜禽疾病来说，一个疗程一般为3~5天，如果用药时间过短，起不到彻底杀灭病菌的作用，甚至可能会给再次治疗带来困难；如果用药时间过长，可能会加大药物残留和造成药物浪费。因此，在防治畜禽疾病时，要合理把握疗程。

5. 使用安全兽药原则

在治疗过程中，只有使用通过认证的兽药，才能较好地避免产生药物残留和中毒等不良反应。畜禽发病时，尽量使用高效、低毒、无公害、无残留的“绿色兽药”，添加作用强、代谢快、毒副作用小、残留量低的非人用药品和添加剂，或以生物学制剂作为治病的药品，控制畜禽疾病的发生发展。

6. 使用方法程序合理原则

不同的给药方法可影响药效出现的快慢、维持时间、强弱，有时还会使药物作用性质发生改变。如新霉素内服可治疗细菌性肠炎，因其在消化道内吸收少，肾脏中毒不明显；若肌内注射，对肾脏毒性则很大，严重的甚至会引起死亡，故不宜肌内注射给药。一般来说：对于全身感染注射给药优于口服给药，饮水给药好于拌药给药；肠道感染口服给药较好；呼吸道疾病饮水给药好。用药时间一定要够药物疗程，不要随意更换药物，药物更换的程序要合理。

7. 建立并保存兽药使用记录原则

建立并保存免疫程序记录；建立并保存全部用药的记录，治疗用药记录包括动物编号、发病时间及症状、治疗用药物名称（商品名及有效成分）、给药途径、给药剂量、疗程、治疗时间等；预防或促生长混饲给药记录包括药品名称（商品名及有效成分）、给药剂量、疗程等。所有记录资料应保存2年以上。

8. 严格禁止使用原则

禁止使用未经国家兽医主管部门批准的用基因工程方法生产的兽药。禁止使用未经农业农村部批准使用或已经淘汰的兽药。禁止使用有致畸、致癌、致突变作用的兽药。

（二）动物饲养中兽药使用关键控制点

1. 肉羊饲养中兽药使用关键控制点

禁止在饲料中添加镇静剂，如盐酸氯丙嗪、安定等违禁药物。禁止在饲料中添加激素类，如已烯雌酚、苯甲酸雌二醇等违禁药物。不得使用敌百虫。禁止使用氯霉素及其制剂。肉羊育肥后期使用药物治疗时，要严格执行所用药物的休药期。

2. 生猪饲养中兽药使用关键控制点

允许在临床兽医的指导下使用钙、磷、硒、钾等补充药、微生态制剂、酸碱平衡药、体液补充药、电解质补充药、营养药、血溶量补充药、抗贫血药、吸附药、泻药、润滑剂、酸化剂、局部止血药、收敛药和助消化药。

慎重使用经农业农村部批准的拟肾上腺素药、平喘药、抗（拟）胆碱药、肾上腺皮质激素类药和解热镇痛药。

禁止使用麻醉药、镇痛药、镇静药、中枢兴奋药、化学保定药及骨骼肌松弛药。

喹乙醇预混剂用于猪促生长，禁用于体重超过 35 千克的猪，休药期为 35 天。

使用抗菌药和抗寄生虫药时要注意药物配伍禁忌。例如，延胡索酸泰妙菌素预混剂用于治疗猪支原体肺炎和嗜血杆菌胸膜肺炎，使用时避免接触眼及皮肤，禁止与莫能菌素、盐霉素等聚醚类抗生素混合使用。

禁止使用β–兴奋剂类，如盐酸克伦特罗、沙丁胺醇。禁止使用氯霉素及其制剂。

（三）兽药的管理

随着养殖业的发展，兽药生产经营企业和兽药产品大幅度增加，国内外兽药残留相关食品安全事件频频发生，兽药相关违法侵权案件日益增多。现实生产中，兽药生产、销售、使用、残留检测等各环节都有可能导致兽药残留。兽药是现代畜牧业中必不可少的生产资料，其既要广泛使用又要保证食品安全水平，就必须加强兽药管理，切实有效地控制兽药残留。为了保证畜禽产品质量安全，农业农村部制定了一系列行政规章，如《兽药管理条例》《兽用处方药和非处方药管理办法》《兽用处方药品种目录》《食品动物中禁止使用的药品及其他化合物清单》《饲料和饲料添加剂管理条例》《饲料添加剂安全使用规范》等。其目的就是要指导广大基层兽医和养殖户更加科学、安全地使用兽药，力求

让广大用户自觉规范用药行为，为市场提供让消费者放心的绿色安全畜禽产品。

二、饲料的使用与管理

（一）饲料的概念

饲料是现代畜牧业的基础，是畜禽产品安全的源头。在我国大力发展畜牧业的今天，在保证畜禽产品数量快速增长的前提下，提高畜禽产品质量安全水平是首要任务。饲料作为养殖业最主要的投入品，世界各国都非常重视，建立了科学的管理体系，制定了行之有效的技术标准，在保障畜禽产品安全方面发挥着重要作用。

畜牧业中饲料有广义和狭义之分。广义的饲料包括大豆、豆粕、玉米、鱼粉、氨基酸、杂粕、添加剂、乳清粉、油脂、肉骨粉、谷物等 10 余个品种的饲料原料及其加工供动物（指家畜、家禽、水产养殖动物以及人工饲养、合法捕获的其他动物，也包括宠物）食用的产品。狭义的概念，按照 2017 年修订的《饲料和饲料添加剂管理条例》（以下简称《饲料条例》）第二条规定，饲料是指经工业化加工、制作的供动物食用的产品，包括单一饲料、添加剂预混合饲料、浓缩饲料、配合饲料和精料补充料。此处所谓“工业化加工、制作”是指经过工业化加工、制作的饲料，相反，不经工业化加工、制作的就不是《饲料条例》涉及的范围，如玉米、高粱等饲料原粮，以及苜蓿等饲料作物和植物秸秆等农家自制自用的饲料就不属于此列。

（二）饲料添加剂的概念及使用

1. 概念

按照 2017 年修订的《饲料条例》第二条规定，饲料添加剂是指在饲料加工、制作、使用过程中添加的少量或微量物质，包括营养性饲料添加剂和一般饲料添加剂，此处的“少量或微量”主要是指与玉米、豆粕等常量物质相对比，实际上反映了饲料添加剂在饲料总组分中所占的比例较小。

饲料添加剂的特点：一是用量小，作用大；二是保存条件要求较高，如维生素类、酶类、激素类一般不太稳定，保存温度需要较低；三是成本较高，使用时要精打细算，严防浪费。按照功能分类，饲料添加剂一般包括以下3类。

（1）营养性饲料添加剂。指用于补充饲料营养的添加剂，如补充饲料中原有但量不足的氨基酸、维生素、矿物元素等。

（2）一般饲料添加剂。是指为保证或者改善饲料品质、促进饲养动物生产、保障饲养动物健康、提高饲料利用率而掺入饲料中的少量或者微量物质。

（3）药物饲料添加剂。是指为预防、治疗动物疾病或影响动物某种生理、生化功能而添加到饲料中的一种或几种药物与载体或稀释剂按规定比例配制而成的均匀混合物。

2. 使用

在生产实践中往往不是仅使用单一添加剂，而常常是同时使用几种添加剂或复合性添加剂，饲料添加剂与能量饲料、蛋白质饲料和矿物质饲料共同组成配合饲料，它在配合饲料中添加量很少，但作为配合饲料的重要微量活性成分，起着完善配合饲料的营养、提高饲料利用率、促进（畜禽）生长发育、预防疾病、减少饲料养分损失以及改善畜禽产品品质等重要作用。饲料添加剂在现代畜牧业中起着极其重要的作用，全世界批准使用的添加剂品种达百种以上，每个品种又有多种规格，使用的复合预混料更是不胜枚举。但随着饲料添加剂行业的发展，一些饲料添加剂本身固有的缺陷渐渐凸显，由于一些饲料添加剂不科学、规范使用所带来的对畜禽产品品质的影响、环境的污染和人畜健康的危

害也越来越明显，为了保障消费者的健康，应采取严厉的法律和行政手段确保饲料安全。

（三）饲料的规范使用

畜牧业生产中规范使用饲料，最大限度地发挥饲料的作用包括很多方面，如下方面尤其值得注意。

1. 饲料使用的专一性

养殖专业化程度越高时，每种畜禽或饲养动物营养需求研究越细致，生产和使用的饲料专一性越强。不可出现不同种类的饲料混喂的情况，如猪料喂鸡、鸡料喂猪、鸡料喂鸭等，否则将极可能出现生长慢、繁殖力低、疾病多、成本高的问题。同一品种动物的不同生长阶段或时期也须使用不同的饲料。饲料厂生产的饲料已经作了分类，如猪料分为公猪料、妊娠料、哺乳母猪料、哺乳仔猪料、保育料、生长料、育肥料等。在使用时，应按照不同的类别、不同阶段进行饲喂。对于规模化养殖场还可以再细分，如猪场可将妊娠料分为前后两期，后备料分为公猪用和母猪用。

2. 饲料类型的适用性

生产过程中要根据实际情况选择使用不同类型的饲料。如预混合饲料适用于养殖规模较大、能够把握采购原料的数量和质量的养殖场，并具有较好的加工工艺及设备，如每天消耗饲料在2吨以上的大型蛋鸡、肉鸡、猪场等。而浓缩饲料则适用于中等养殖企业或小型养殖户、采购蛋白质原料不多或不方便的养殖场，具有简易加工混合设备。配合饲料则适宜于小规模养殖企业，无饲料加工设备、房舍、人员或某一种类型的专业饲养的企业、养殖户。无颗粒加工设备的厂家只采购颗粒料。大型养殖企业专业化程度高，从成本、防疫等方面考虑所有用料全部从外部购入。

3. 饲料配方的适合性

饲料配方一般由专业技术人员或饲料生产企业推荐，作为饲料使用者应坚持以下原则。

(1) 采购本地易采购的原料。如东北地区玉米多，能量饲料应以玉米为主。

(2) 使用价格相对低的原料，使原料本地化，如在肉牛饲养中，吉林省农区玉米秸多，那么在肉牛的青粗饲料中就以玉米秸为主。

(3) 每种原料的营养成分真实，不只按原料的理论值，最好有一个确切可靠的实际值，做到每种原料批批化验，用化验的真实营养成分进行配方。

(4) 配方本地化。每个养殖企业饲养的畜禽都有自己的特殊性，如蛋鸡场在确定饲料配方时，除饲料厂推荐的常规配方外，还要考虑本场种鸡的品种、蛋的重量、前期饲养情况、鸡舍环境条件、目前产蛋率等实际情况重新调整配方。

(5) 控制有毒有害成分原料，如棉籽粕中游离的棉酚、高粱中的单宁、大豆中的抗营养因子等。种畜禽、种畜和仔畜、仔雏对其最为敏感，应严格控制其含量在许可范围内。

(6) 饲料的适口性。营养成分合理、价格不高但适口性差，畜禽不愿采食或拒食也不是好饲料。因此，对有异味的原料，如劣质鱼粉、没脱毒的棉籽粕等要少用，或添加去味剂，使畜禽愿意采食。

(7) 配合饲料要有一定的体积，使畜禽采食后既有饱腹感又不因容积过大而采食达不到营养需要。

4. 饲料采购的计划性

专业畜禽场应在全年生产计划的基础上提前一个月将所需原料购进厂内，切不可盲目无计划地随意采购，防止临时采购出现断货、质量差、价格高、疫病多等风险，对信息灵通、确定价格有把握、资金实力强的企业可大量储备原料，如玉米、豆粕等，

但要注意保质期短的原料，如预混料、浓缩料、颗粒料等保质期限，还要注意水分含量，控制原料的湿度等。要根据本厂或自身生产加工工艺及设备确定购进的原料。如果饲料加工设备好、有专业技术人员和厂房，可选用0.5%~5%预混合饲料来生产配合饲料；如只是一般的饲料加工设备，用量又不太大，可选用浓缩饲料和玉米、麦麸等大宗原料加工；如饲养规模不大或饲养规模大但不愿分散资金和人力的就选用配合饲料。

5. 饲料质量的可靠性

饲料质量是安全生产的保障。如果是选购原料自行生产饲料，要从质量可靠、价格合理的厂家购进原料，尤其是大宗原料的采购，建议选择固定的供应商，每次至少购入1~2个月的数量，这样便于饲料原料的质量控制、配方相对稳定并能降低成本，减少畜禽的应激。对预混料、浓缩料的购进，建议选择知名品牌或有一定的规模、价格合理、信誉度高的生产企业，要有相应的技术服务、品质监控，要售后好、供货及时。在购入原料前，最好对原料的主要营养成分、有毒有害物质进行化验，一方面避免配方中声称的营养成分不真实带来的营养不足或浪费；另一方面可保证饲料的营养全面和畜禽正常生长繁殖。

6. 饲料标签的重要性

饲料标签是饲料产品的生产者和使用者的质量信息，是企业产品的名片，可帮助使用者了解产品成分、质量所执行的标准，说明产品的使用、保存条件，起到介绍产品、指导使用的作用。畜禽企业在使用饲料时，看清记准产品的商标、名称、分析成分保证值，以及加药名称、含量、保质期、厂址、电话和其他必要信息，如有怀疑或不清楚的地方，通过电话联系生产厂家，做到彻底解决问题。

（四）饲料添加剂的规范使用

为了让畜牧业健康发展，正确规范使用饲料添加剂，可以采取的措施有：加强对有害元素添加的监管力度，尤其是对无证经营的黑窝点的查封；确定药物添加剂的用药规程和畜禽产品中允许使用的最大残留量；加大宣传的力度，宣传和传播科学养殖的方法，树立起饲料安全生产的意识，规范使用兽药和药物添加剂，防止滥用和超量使用。加强通过质量认证，规范饲料生产的工艺，使操作规范和加强对危险点的分析；大力发展酸化剂、植酸酶等对人体有益、无残留、无抗药性的新型绿色饲料添加剂。

三、保鲜与防腐管理

肉制品因其特有的营养组成和特点，在加工、储藏、运输和销售过程中很容易受环境和微生物的影响而发生劣变，必须采用一系列的保险与防腐的措施，以保障肉制品的质量。

（一）防腐保鲜

在各种保鲜技术中，应用防腐剂是运用最广泛、有效、经济的一种方法，防腐剂能防止肉制品由生物引起的腐败变质，使其在一般的自然环境中具有一定的保存期限。防腐剂按来源可分为化学防腐剂和天然防腐剂两大类。化学防腐剂主要是由多种有机酸、无机酸及其盐类组成，其主要作用机理为：首先是引起微生物蛋白质和核酸的水解，使其细胞发生形态或性质上的改变；其次是影响微生物代谢，导致其死亡。化学防腐剂又分为有机防腐剂和无机防腐剂，前者主要包括苯甲酸、山梨酸等；后者主要包括亚硫酸盐、硫酸盐和亚硝酸盐等。化学防腐剂可从代谢产物中提取，如乳酸链球菌素、茶多酚和香辛料提取物等。

（二）冷藏保鲜

肉类表面微生物生长速度随温度下降而降低，在达到一定冷藏温度范围内，每降 5℃，细菌生长速度降低一半。储藏温度在 0℃的鲜肉储藏期是储藏在 5℃时的 2 倍，所以冷却鲜肉应尽可能

储藏在 0℃以下。

（三）保鲜包装

所谓保鲜包装，是一种新型的包装技术，它能保持各类食品一定的新鲜度，使产品在储运、销售过程中免受各种生物、微生物及环境因素的影响，在色、香、味等方面保持食品的原味，延长食品的保质期。如真空包装是除去包装内的空气，然后运用密封技术，使包装内的食品与外界隔离，因而延缓了好气性菌的生长，减少了蛋白质的降解和脂肪的氧化酸败。又如充气包装通过在鲜肉类的加工现场进行包装，可以保证肉制品的卫生，还可以将货架期延长 3 倍以上，从而减少浪费，降低配送频率，节约物流成本。

（四）冷杀菌保鲜技术

传统食品加工主要采用热杀菌，因而食品中热敏成分和营养物质易被破坏，褐变反应加剧挥发性成分损失等。近年来，国内外研制开发了一系列物理杀菌技术，它是一种崭新的冷杀菌技术，运用物理手段，如微波、辐射、超高压、静电、电子射线、磁场、强光等。如超高压脉冲电场杀菌是采用高压脉冲产生的脉冲电场进行杀菌的方法。

第三节　渔业投入品管控

水生动物为维持生命和正常生长、发育、繁殖及生理活动，要不断地从外界获得营养物质等来满足机体需要，通过消化和吸收作用将饲料中的营养物质转化为自身蛋白质、脂肪、糖类等，为人们提供营养丰富的渔业产品，是人类生活中重要的组成部分。渔药及饲料的使用不当，可直接或间接地影响动物机体、人类健康及水域生态环境，因此渔药及饲料等的安全性备受关注。

一、渔药使用原则与管理

(一) 渔药的概念及作用

渔药又称渔用药物，是水产养殖的必需投入物，也是水产养殖的基础性物质并且直接关系到水产品的质量。渔药是指用以预防、控制和治疗水产动植物的病虫害，促进养殖产品健康生长，增强机体抗病能力以及改善养殖水体质量的一切物质。本节所指的渔药，其应用范围限定于水产养殖渔业，而在捕捞渔业和渔产品加工方面所用的物质，则不包括在渔药范畴内，现在养殖渔业分为鱼、虾、蟹、贝、蛙、龟、鳖等各种水产动物和以紫菜、海带等藻类为主的水产植物养殖两大部分。因此，渔药同样分为水产植物药和水产动物药两部分。水产动物药和兽药有较密切的联系，而水产植物药则与农药关系比较密切。当前国际上对渔药的研究、开发和应用主要集中于水产动物药，故常常将渔药狭义地局限于水产动物药。

(二) 渔药的使用原则

(1) 渔药的使用应以不危害人类健康和不破坏水域生态环境为基本原则，应遵循“安全第一”的国际准则。严禁使用对水域环境有严重破坏而又使环境难以修复的渔药，严禁直接向养殖水域泼洒抗生素。渔药的使用首先应确保水环境中生物、生态的安全，其次才考虑渔药研制及使用的科学性、适用性与有效性。应建立用药对水生生物和环境的监督和监测体系，保护公共水域不被污染，减少公害，保证养殖环境质量，保障水产品的食用和环境的安全。

(2) 在养殖过程中对水生动植物病虫害的防治是水产病害防治工作的重要组成部分，其基本原则应体现病害防治中“预防为主，防治结合”的方针。渔药研究、生产、使用及管理也应积

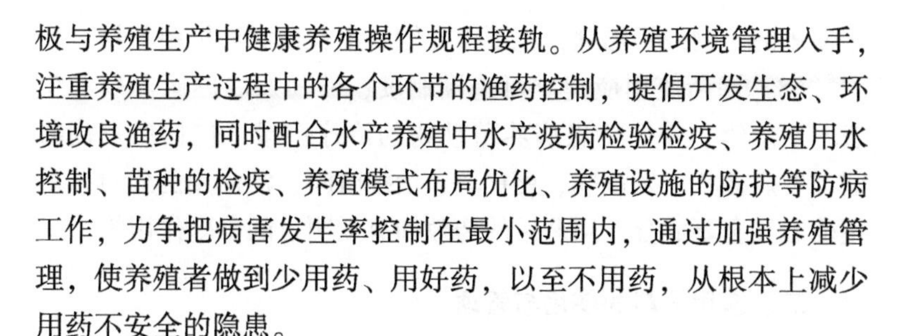

极与养殖生产中健康养殖操作规程接轨。从养殖环境管理入手，注重养殖生产过程中的各个环节的渔药控制，提倡开发生态、环境改良渔药，同时配合水产养殖中水产疫病检验检疫、养殖用水控制、苗种的检疫、养殖模式布局优化、养殖设施的防护等防病工作，力争把病害发生率控制在最小范围内，通过加强养殖管理，使养殖者做到少用药、用好药，以至不用药，从根本上减少用药不安全的隐患。

（3）渔药的使用应严格遵循国家和有关部门的有关规定，安全用药、正确用药。严禁生产、销售和使用未取得生产许可证、批准文号与没有生产执行标准的渔药。严禁将新近开发的人用新药作为渔药的主要或次要成分。

（4）积极鼓励研制、生产和使用“三效”（高效、速效、长效）、“三小”（毒性小、副作用小、用量小）的渔药，提倡使用水产专用渔药、生物源渔药和渔用生物制品。严禁使用高毒、高残留或具有三致毒性（致癌、致畸、致突变）的渔药。

（5）病害发生时应对症用药、及时用药，防止滥用渔药与盲目增大用药量或增加用药次数、延长用药时间。正确诊断、对症下药是提高水产品品质和疾病防治效果的关键。水生动物疾病一旦出现就要及时采取措施，这时病原体的密度小，用药时间的前移会取得很好的治疗效果。

（6）食用鱼上市前，应有相应的休药期（最后停止给药日至水产品作为食品上市出售日的最短时间）。休药期的长短，应确保上市水产品的药物残留限量符合行业标准《无公害食品　水产品中渔药残留限量》（NY 5070—2002）的要求。选用渔药时应考虑对水产品品质的影响和法律法规告诫的休药期。

（7）水产饲料中药物的添加应符合《无公害食品　渔用配合饲料安全限量》（NY 5072—2002）的要求，不得选用国家禁止使用的药物或添加剂，也不得在饲料中长期添加抗菌药物。

（8）渔药使用应建立可追溯制度，鼓励发展健康养殖和生态养殖。建立并保持患病养殖动物的治疗记录，包括患发病时间、发病症状、发病率、死亡率、治疗时间、治疗用药经过、所用药名和主要成分、用药后的药效和有无明显的毒副作用等。

二、渔用饲料的使用与管理

（一）渔用饲料的选择

1. 原料要求

我国农业标准《无公害食品　渔用配合饲料安全限量》（NY 5072—2002）对饲料的原料作了原则性规则。基本要求如下。

（1）加工渔用饲料所用原料应符合各类原料标准的规定，不得使用受潮、发霉、生虫、腐败变质及受到石油、农药、有害金属等污染的原料。

（2）皮革粉应经过脱铬、脱毒处理。

（3）大豆原料应该经过破坏蛋白酶抑制因子的处理。

（4）鱼粉的质量应符合 SC 3501 的规定。

（5）鱼油的质量应符合 SC/T 3502 中二级精制鱼油的要求。

（6）使用的药物添加剂种类及用量应符合 NY 5071、《饲料药物添加剂使用规范》、《禁止在饲料和动物饮用水中使用的药物品种目录》、《食品动物禁用的兽药及其他化合物清单》的规定；若有新的公告发布，按新规定执行。

2. 渔用饲料的控制

渔用饲料的安全性是指渔用饲料在规定的用法和用量条件下，对水产生物不产生急性、亚急性和慢性中毒，对水生动物的子代不产生潜在危害，对饲料的接触和使用者无危害，同时亦保证养成品作为动物源食品对食用者是安全的。对渔用饲料安全的

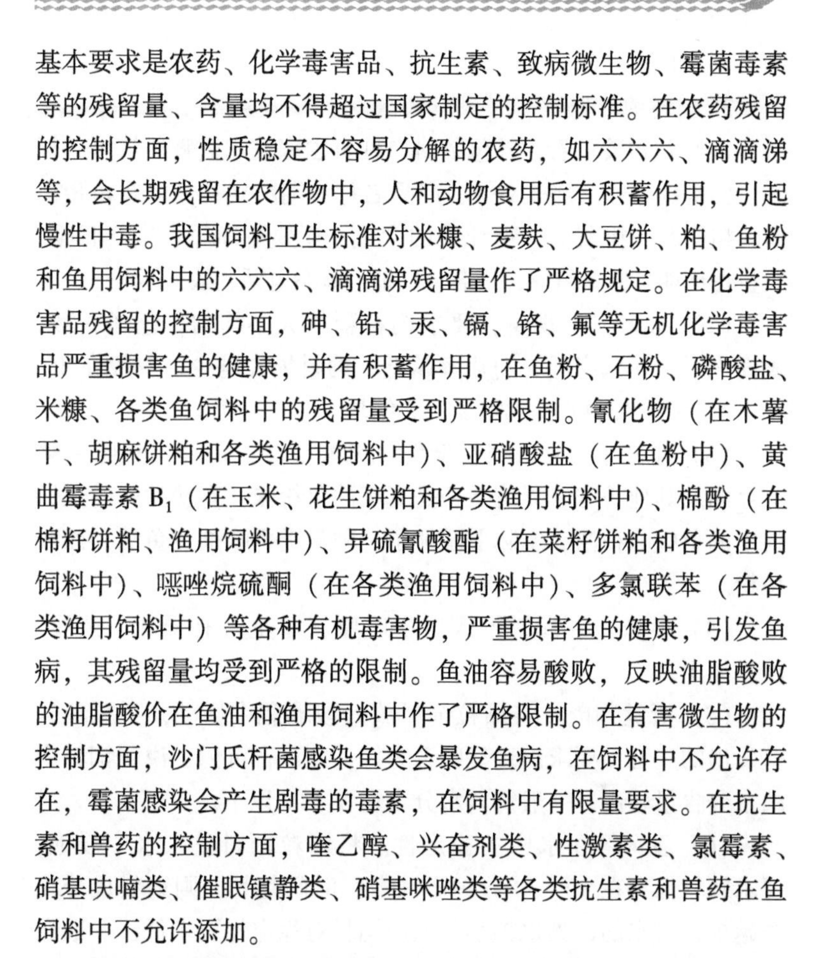

基本要求是农药、化学毒害品、抗生素、致病微生物、霉菌毒素等的残留量、含量均不得超过国家制定的控制标准。在农药残留的控制方面，性质稳定不容易分解的农药，如六六六、滴滴涕等，会长期残留在农作物中，人和动物食用后有积蓄作用，引起慢性中毒。我国饲料卫生标准对米糠、麦麸、大豆饼、粕、鱼粉和鱼用饲料中的六六六、滴滴涕残留量作了严格规定。在化学毒害品残留的控制方面，砷、铅、汞、镉、铬、氟等无机化学毒害品严重损害鱼的健康，并有积蓄作用，在鱼粉、石粉、磷酸盐、米糠、各类鱼饲料中的残留量受到严格限制。氰化物（在木薯干、胡麻饼粕和各类渔用饲料中）、亚硝酸盐（在鱼粉中）、黄曲霉毒素 B_1（在玉米、花生饼粕和各类渔用饲料中）、棉酚（在棉籽饼粕、渔用饲料中）、异硫氰酸酯（在菜籽饼粕和各类渔用饲料中）、噁唑烷硫酮（在各类渔用饲料中）、多氯联苯（在各类渔用饲料中）等各种有机毒害物，严重损害鱼的健康，引发鱼病，其残留量均受到严格的限制。鱼油容易酸败，反映油脂酸败的油脂酸价在鱼油和渔用饲料中作了严格限制。在有害微生物的控制方面，沙门氏杆菌感染鱼类会暴发鱼病，在饲料中不允许存在，霉菌感染会产生剧毒的毒素，在饲料中有限量要求。在抗生素和兽药的控制方面，喹乙醇、兴奋剂类、性激素类、氯霉素、硝基呋喃类、催眠镇静类、硝基咪唑类等各类抗生素和兽药在鱼饲料中不允许添加。

根据《无公害食品　渔用配合饲料安全限量》（NY 5072—2002）规定，我国对渔用配合饲料的安全指标进行了限量规定。渔用配合饲料中所检的各项安全指标应符合标准要求。所检安全指标中有一项不符合标准规定时，允许按《饲料　采样》（GB/T 14699.1—2005）规定加倍抽样将此项指标复检一次，按复检结果判断本批产品是否合格。经复检后所检指标仍不合格的产品则判为不合格品。

3. 饲料的鉴别

（1）从包装上看，外包装封口处有国家技术监督局认可的标签、标签认可号、批准文号、产品名称、饲料规格，以及粗蛋白质、粗脂肪、粗灰分、粗纤维的含量，还要有净重、生产日期、质量保证期、原料组成、厂名、厂址、联系电话，缺一不可。

（2）从饲料外观看，要求饲料颗粒大小均匀，色泽一致，表面光滑，粉化率低（粉化率越低，饲料损失越少，一般在3%以下），无掺杂物质，无霉变，无结块。

（3）闻气味。要求饲料新鲜，无酸败味，鱼饲料气味一般有豆粕及其他香味。弄清是否是真正的鱼粉味，有些品牌的鱼饲料中的鱼腥味很浓，实际上添加了一种鱼腥香味剂或鱼油，而非鱼粉。

（4）尝味。将饲料投入口中咀嚼，看是否有异味、杂质、沙或泥土。

（5）听觉判断。将颗粒饲料放入玻璃瓶中摇动，听颗粒碰壁发出的声音，要求声音呈脆音为好，如声音沉闷，说明饲料中的水分含量较高，一般饲料水分含量在13%以下。

（6）看饲料在水中的稳定性。将颗粒饲料放入水中浸泡，要求颗粒保持在10~30分钟不溃散，时间越长，则饲料成分损失越少，对水的污染也越小。渔用饲料对稳定性要求低，一般在10分钟左右不溃散即可。

（二）鱼料的投喂

1. 鱼料试用

目前渔用饲料品种较多，根据养殖对象可分为特种饲料和常规饲料，特种饲料为甲鱼、黄鳝、对虾及鳗鱼等，常规饲料为草鱼、鲫鱼、鲤鱼、鳊鱼等。常规饲料又分为颗粒料和膨化料。颗

粒料又分为鱼种料和成鱼料。不同的饲料各有适用对象。如果无法确认饲料是否合适，可先进行试养。将已选中的饲料少量购回，利用5月份水温回升鱼类开始摄食时开始少量投喂试养，在投料前，抽样检查鱼种大小，连续投喂一个月，再抽样检查，了解鱼的生长情况，根据鱼体增重情况，推算该饲料效果如何，不好应及时更换，保证养殖效益。

2. 投饵机的使用

投饵机具有投喂均匀、鱼的摄食面大、可直接观察鱼的摄食情况等优点。正确运用投饵机，一是要使100%的鱼上浮到水面表层抢食，使饲料在水表面20厘米内被全部吃完，激烈时有10%~20%的鱼吻端突出水面抢食；二是投饵机应安放在基础坚实、支撑坚固结实的料台上。饲料喷洒半径最好在1米以上。

3. 驯食

鱼、虾的摄食行为受条件反射影响和对饲料有选择性。在投食配合饲料和变换饲料品种规格时必须驯化。通过驯化，使养殖鱼、虾形成定点、定群抢食的习惯。如机投饲料应在进入水下50厘米以内大部分被吃掉，避免营养成分的损失。另外，在抢食过程中，可促进鱼、虾消化系统分泌大量消化酶，同时水体表层溶氧充足，有利于鱼、虾对饲料的消化吸收。

4. 饵料投饲量

合理掌握投饲量可以促进鱼类的生长，降低养鱼生产成本，提高经济效益，若使用不当，则会增加成本，甚至带来病害，造成损失。投饲率是指投饲量占鱼体重的百分比。投饲率的大小主要受水温、溶氧、个体大小、塘底质等因素的影响。

5. 饲料投喂要点

（1）饲料储存时间不宜过长。颗粒饲料在制作过程中含有水分，储存时间长，易潮解、霉变，影响颗粒饲料食用价值，投喂后，鱼易患病。因而储存时间不宜过长。

（2）增加投喂次数。鱼无胃，饲料在肠道内停留时间短，因此在总投饵量不变的情况下，应增加投饵次数，减少每次投饵量，使鱼始终处于半饥饿状态，能提高饵料利用率，降低饵料系数。

（3）要有一定投饵面积和时间。在多品种混养池中，鲫鱼、草鱼抢食快，摄食量大，而鳊鱼吃食“斯文”，相应摄食量少，往往影响其生长。因此，在使用颗粒饲料前要进行短时间驯化，使鱼形成固定食场、固定时间的摄食习性，每次投饵要撒放均匀，投饵时间不少于30分钟，投饵面积40~60平方米，使每尾鱼都能摄食到饵料。

（4）颗粒粒径要合理。鱼种放养时，水温低、生长慢、规格小，投喂颗粒鱼料时颗粒饲料径控制在2毫米较为适宜，随着气温回升和鱼种生长，养殖中期饲料粒径为3~3.5毫米，养殖后期粒径为4~4.5毫米。

（5）添加食盐、大蒜素预防鱼病。在制作颗粒饲料时，以适量的食盐、大蒜素均匀地拌入原料中，能够消毒杀菌，预防鱼病。

（6）投饲料要做到“三看”。一看季节：四季水温不同，要做到早开食、晚停食，中间使鱼吃饱吃好，促使鱼生长。二看天气：天气晴朗，水中溶氧高，鱼摄食旺盛，应适当多投，反之天气闷热，水中溶氧低，鱼类食欲不振，应少投或不投，大风大雨时也可停食。三看水色：水色是水质的一个综合现象，水质清爽，水色则正常，鱼摄食旺盛，应正常投喂；水色过浓，鱼浮头时应少投食或停止投喂。

三、保鲜与防腐管理

(一) 水产品保鲜原理

水产品种类繁多，是优质蛋白质的来源之一，其脂肪含量少，富含EPA（二十四碳五烯酸）、DHA（二十六碳六烯酸）和多种矿物质等，是当前人类膳食的主要部分。然而，由于水产品水分、营养成分含量高，且自身易携带大量的细菌，在加工、储运和销售中极易变色、变味、腐败变质，有的甚至会产生大量有毒有害物质，大大降低了水产品的食用和营养价值。因此，水产品保鲜防腐管理在安全生产中显得尤为重要。水产品保鲜技术就是应用物理、化学、生物等手段对原料进行处理，从而保持或尽量保持其原有的新鲜程度，也就是所谓的鲜度。

(二) 水产品保鲜技术

随着人们经济、生活水平的提高，水产品已进入国际化流通阶段，我国水产品进出口总量逐年增加。在水产品的加工、运输、储藏及销售等过程中，水产品的保鲜技术发挥着极其重要的作用，并且由于人们对水产品的安全性、新鲜度要求提高，对水产品的保鲜提出了更高的要求。水产品鲜度的下降，其原因主要是酶、微生物的作用，以及氧化、水解等化学反应的结果。要想保持鲜度或减缓腐败速度，可以采用一些措施，如使酶钝化、微生物失活，以及使各种化学反应速度变慢甚至停止等。目前，水产品保鲜主要采用低温保鲜、化学保鲜、气调保鲜、辐照保鲜和生物保鲜等方法。

1. 低温保鲜

低温保鲜是将水产品保存在低温条件下，使水产品处于冷却或部分冻结状态，是最常用、最传统的方法，人类祖先很早就利用天然冰或冬季的寒冷来冷却和冻结鱼类，防止鲜鱼的腐败，而且随着科技的发展，这种传统的方法也在不断发展。传统意义上的低温保鲜包括冷藏、冷冻、冷海水或冷盐水保鲜、微冻保鲜、冻结保鲜、深冷却保鲜等。近年来快速发展的低温保鲜技术还包括超冷保鲜和无冰保鲜技术。

超冷保鲜技术，又称超级快速冷却（简称 SC）保鲜技术，这种技术与非冷冻和部分冻结有着本质上的不同。鲜鱼的普通冷却冷藏保鲜、微冻保鲜、部分冻结保鲜等技术的目的是保持水产品的品质，而超级快速冷却是将鱼杀死和初期的急速冷却同时实现，因其能抑制鱼体死后的生物化学变化，可最大限度地保持鱼体的鲜度和鱼肉的品质。主要方法是把捕获后的鱼立即用-10℃的盐水作调水处理，根据鱼体大小的不同，可在 10～30 分钟使鱼体表面冻结而急速冷却，这样缓慢致死后的鱼处于鱼舱或集装箱内的冷水中，其体表解冻时要吸收热量，从而使鱼体内部初步冷却，然后再根据不同保藏目的及用途确定储藏温度。

无冰保鲜技术是利用直接快速有效的贴冷热交换原理，采用-5～-3℃的冷媒（深冷海水）通过喷淋、浸泡等剧烈冷却清洗方式，使水产品在最短时间内快速冷却至-2～-1℃的微冷状态，然后通过舱内保温、保湿系统对水产品进行保温、储运，达到最佳保鲜效果。

2. 化学保鲜

化学保鲜是在水产品中加入对人体无害的化学物质，延长保鲜时间、保持品质的一种方法。用于化学保鲜的食品添加剂品种很多，其理化性质和保鲜机理也各不相同，有的是抑制细菌的，有的是改变环境的，还有的是抗氧化的。使用化学保鲜剂最为关注的问题是卫生安全性问题。在进行化学保鲜时，一定要选择符合国家卫生标准的食品添加剂，以保证消费者的身体健康。

3. 气调保鲜

气调保鲜是在20世纪40年代正式产生的。它是在冷藏的基础上，在适宜的低温条件下，改变储藏库或包装内空气的组成，降低储藏环境中氧气含量，增加二氮化碳含量，以进一步提高储藏效果的方法，简称CA储藏。后来又出现了MA储藏，它是利用包装等方法，使产品通过自身的呼吸作用降低氧气的含量，提高二氧化碳含量，来改变包装内的气体成分。气调保鲜有抑制细菌腐败、保持鱼片新鲜色泽和隔绝氧气的三大优点，配合低温流通，可减弱鲜活水产品的呼吸强度，抑制微生物的生长，降低水产品体内的化学反应速度，达到延长保鲜期和提高保鲜度的目的。使用不易使鱼肉变软的氨，喷雾于鱼体表面，也可达到保鲜效果。

4. 辐照保鲜

辐照保鲜是一种发展较快的水产品保鲜的新技术，利用离子化能照射水产品达到保鲜目的。当高速运动的电子或γ射线一类的电磁波具有足够大的能量和穿透力时，射线与微生物机体相互作用，尤其是与机体中水分作用，电离和激发产生氢原子、羟基自由基、水合电子等活化原子与活化分子，这些活性粒子再与生物分子作用，产生一系列物理、化学、生物变化，致使生物体的功能、代谢、结构发生变化，如导致遗传物质的降解、聚合、交联，并发生改性，使生物体不能完全正常地生活或不育（间接作用），或者生物分子直接受电离辐射作用而吸收辐射能量并导致机体损伤（直接作用），从而防止有害生物传播扩散或将其杀灭。通常所称的辐射处理主要是指^{60}Co产生的γ射线照射处理。

5. 生物保鲜

采用天然无毒的生物保鲜剂替代化学防腐剂，延长水产品货架期，提高水产品安全性，已成为水产品保藏技术发展的趋势。

根据水产品品质劣变的主要原因及生物保鲜剂的作用机理，采用相应的生物保鲜剂，能起到安全、健康、无毒、高效的效果。生物保鲜剂可分为生物源性保鲜剂、酶类保鲜剂和复合生物保鲜剂等。生物源性保鲜剂原料来源广泛，包括微生物、动植物源性保鲜剂，微生物代谢可以产生抗生素、细菌素、过氧化氢、有机酸等抑菌物质来改变 pH 值，从而抑制或杀灭腐败菌。酶法保鲜技术是利用酶的催化作用，防止或消除外界因素对水产品的不良影响，从而保持水产品的新鲜度，目前应用于水产品保鲜的有葡萄糖氧化酶、溶菌酶、谷氨酰胺转氨酶和脂肪酶等。复合生物保鲜剂是将多种生物保鲜剂混合或与动植物防腐剂混合配成的复合物，可发挥协同作用，增强抗菌效果。

第六章　农产品生产环境管控

第一节　农产品生产环境要求

一、生产环境对农产品安全的影响

（一）大气环境对农业生产的影响

大气质量直接影响着农作物的产量和质量。如果大气受到污染，就会对农作物带来直接或间接的不良影响和危害。长期以来，主要是工业企业排放的污染物影响农业生产，但近些年乡镇企业的迅速发展加剧了农村大气质量下降，直接威胁着农业生产。大气污染不仅危害农产品导致经济损失，而且还通过食物链引起以植物为食物的各种动物产生疾病甚至死亡，带来间接的经济损失。因此，在选择农产品产地时，需要考虑大气污染和防治问题。

大气污染物种类繁多。据有关资料表明，已被人们注意的对人体及动植物产生危害的大气污染的种类达 100 多种。在我国农村，主要的大气污染物有二氧化硫（SO_2）、氮氧化物（NO_x）、总悬浮颗粒物（TSP）及氟化物等。

大气污染对作物的危害可分为两种类型：一种是气体污染物（有害气体）通过叶片气孔进入植株体，通过破坏叶片内的叶绿体影响植物的光合作用、呼吸作用、受精能力和酶活性等一系列过程，干扰植物生长发育、降低作物产量和品质，但此类污染不造成残留；另一种则是颗粒状污染物中的重金属毒物以及含氟气体等，它们被作物吸收或吸附后，既会影响作物生长，又会残留于作物体内，造成残留污染。

大气污染对动物的危害主要是通过畜禽食用受污染的牧草、饲料等发生的。如饲料含氟超过 30 毫克/千克，牛吃了以后会患氟中毒症。

（二）水体环境对农业生产的影响

水是农业生产的重要资源，也是生物生长的必需物质。水是植物进行光合作用的主要成分之一。水的理化性质直接影响作物的生长。

在种植业生产中，如果灌溉水的质量不符合标准或者用污水进行灌溉都会对安全生产产生很大的影响。一方面，水中的污染物导致作物叶片或其他器官受害，导致生育障碍、产量降低；另一方面，某些化学物质在产品内积累，可通过食物链进一步影响动物和人类的健康。

水体污染直接对水产养殖业构成威胁。主要表现在：水中大量的溶解性有机物分解时消耗溶解氧，造成水中溶解氧不足，水生生物缺氧死亡；水中氮磷物质丰富，藻类迅速增殖，水生生态平衡破坏，由于富营养化而引起的水生生物死亡；重金属直接危害水生生物，或通过富集作用使水生生物内重金属含量提高，影响水产品的品质。

因此，畜禽饮用水、加工用水受污染后，均可直接影响畜禽产品、水产品的品质。

（三）土壤环境对农业生产的影响

土壤是绿色植物的基体，土壤受到污染，就会对绿色植物的生长、繁殖带来影响，影响农作物的产量和质量。通过土壤—植

物—动物—人体食物链，最终危害人类身体健康。重金属进入环境后不能被微生物降解，一方面在土壤中残留、富集；另一方面被作物吸收，表现出毒害效应。作物受重金属污染，其生长会受到不同程度的抑制，作物产量下降。有资料表明，向土壤投加浓度为 3~10 毫克/千克的汞后，冬小麦明显减产，而小麦籽粒中汞含量会迅速增加。农药能够防治农业病虫害，调节植物生长，控制杂草繁殖，但施用不当，也会造成土壤污染。此外，不科学地进行污水灌溉，也会造成土壤污染，进而引起作物污染，如某地用含镉污水灌溉稻田，导致土壤含镉量平均为 5~7 毫克/千克，最高者达 13.25 毫克/千克，糙米含镉量最高达 2.6 毫克/千克。

二、绿色食品生产环境质量要求

绿色食品产地环境质量现行标准中《绿色食品　产地环境质量》（NY/T 391—2021）规定了绿色食品的产地生态环境基本要求、隔离保护要求、产地环境质量通用要求、环境可持续发展要求。

（一）绿色食品产地生态环境基本要求

绿色食品生产应选择生态环境良好、无污染的地区，远离工矿区、公路铁路干线和生活区，避开污染源。

产地应距离公路、铁路、生活区 50 米以上，距离工矿企业 1 千米以上。

产地要远离污染源，配备切断有毒有害物进入产地的措施。

生产产地不应受外来污染威胁，产地上风向和灌溉水上游不应有排放有毒有害物质的工矿企业，灌溉水源应是深井水或水库等清洁水源，不应使用污水或塘水等被污染的地表水；园地土壤不应是施用含有毒有害物质的工业废渣改良过土壤。

应建立生物栖息地，保护基因多样性、物种多样性和生态系统多样性，以维持生态平衡。

应保证产地具有可持续生产能力，不对环境或周边其他生物产生污染。

利用上一年度产地区域空气质量数据，综合分析产区空气质量。

（二）隔离保护要求

应在绿色食品和常规生产区域之间设置有效的缓冲带或物理屏障，以防止绿色食品生产产地受到污染。

绿色食品产地应与常规生产区保持一定距离，或在两者之间设立物理屏障，或利用地表水或山岭分割或其他方法，两者交界处应有明显可识别的界标。

绿色食品种植生产产地与常规生产区农田间建立缓冲隔离带，可在绿色食品种植区边缘5～10米处种植树木作为双重篱墙，隔离带宽度8米左右，隔离带种植缓冲作物。

（三）产地环境质量通用要求

除畜禽养殖业外的空气质量要求、畜禽养殖业空气质量要求、农田灌溉水水质要求、渔业水水质要求、畜牧养殖用水水质要求、加工用水水质要求、食用盐原料水水质要求、土壤质量要求、食用菌栽培基质质量要求分别符合《绿色食品　产地环境质量》（NY/T 391—2021）中的表1至表9的要求。

（四）环境可持续发展要求

（1）应持续保持土壤地力水平，土壤肥力应维持在同一等级或不断提升。

（2）应通过合理施用投入品和环境保护措施，保持产地环境指标在同等水平或逐步递减。

三、有机产品产地环境质量标准

有机农业生产的基地应选择在没有污染源的区域，严禁未处

理的工业“三废”、生活垃圾和污水进入有机农业生产用地，符合《有机产品　生产、加工、标识与管理体系要求》（GB/T 19630—2019）。进行有机农业生产地区的土壤环境质量符合《土壤环境质量　农用地土壤污染风险管控标准（试行）》（GB 15618—2018）中的二级标准。农田灌溉用水水质符合《农田灌溉水质标准》（GB 5084—2021）的规定。环境空气质量符合《环境空气质量标准》（GB 3095—2012）中的二级标准的规定。

第二节　种植业农产品生产环境管控

一、农药残留的控制

（一）建立健全农药法规标准，加强农药管理

为了保护生态环境，防止农药造成的急性及慢性中毒危害，提高使用的安全性，许多国家设有专门的农药管理机构。现在世界上包括我国在内的大多数国家从法规上对农药使用、生产和开发作出了一系列的规定，实行了农药注册登记制度，要求对农药进行一系列的安全评价，确保安全后才能允许生产，力求把农药的危害降至最低限度。我国也很重视农药管理，2017 年 2 月 8 日国务院第 164 次常务会议修订通过的《中华人民共和国农药管理条例》，规定农药的登记和监督管理工作主要归属农业农村主管部门，并实行农药登记制度、农药生产许可证制度、产品检验合格证制度和农药经营许可证制度。未经登记的农药不准用于生产、进口、销售和使用。

在管理工作中，要进一步健全农药管理机构，使农药管理机构从业务管理型转向执法监督和行政管理型。调整农药的品种、结构，强化农药使用管理，减少农药在农产品中的残留。建立健

全农药分析监测系统。加强对农村植保人员培训，通过他们把新技术、新方法和新农药推广下去。根据病虫草害的发生情况及抗性情况，结合抗性治理策略，选用适当的农药品种、正确的用药浓度和恰当的防治时机以及适宜的用药方式等，正确轮用、混用，以最少用量获得最大的防治效果，避免农药对环境的污染和安全农产品生产的影响。

（二）制定和完善农药残留限量标准

世界各国对食品中农药的残留量都有相应规定，并进行广泛监督。我国政府也非常重视食品中的农药残留问题。《食品安全国家标准　食品中农药最大残留限量》（GB 2763—2021）规定了食品中2,4-滴丁酸等564种农药10 092项最大残留限量。

（三）开发高效、低毒的农药，禁止高毒农药的使用

为合理安全使用农药，我国规定在茶叶、烟草、水果和蔬菜等作物上禁止使用滴滴涕、六六六、汞砷制剂等高毒农药；严格按安全间隔期收获，严格按照农药合理使用准则系列标准（GB 8321.1~10—2009）施药。同时开发高效低剂量、滞留期短、生物降解迅速、有选择作用、对人类和环境安全的新农药。目前，生物农药等新药剂的研究取得了可喜的进展，并且部分该类农药已投入使用，这将对环境的保护起到积极的作用。

（四）去污处理

农产品中的农药，主要残留于粮食糠麸、蔬菜表面和水果表皮，可用机械或热处理的方法予以消除或减少。尤其是化学性质不稳定、易溶于水的农药，在食品的洗涤、浸泡、去壳、去皮、加热等处理过程中均可大幅度消减。如谷物去壳和水果去皮的方法可除去大部分残留农药，水洗或热水烫洗可除去蔬菜水果表面附着的农药；又如对肉类加以油炸、炖煮或烘烤可除去其中25%~47%的滴滴涕。植物油经精炼后，残留的农药可减少

70%~100%。马铃薯经洗涤后，马拉硫磷可消除95%，去皮后消除99%。

二、肥料污染的控制

（一）严格把关，确保肥料质量安全

严格执行《中华人民共和国农业法》《中华人民共和国农业推广技术法》及《肥料登记管理办法》等相关配套法规，积极推广质量优、安全性强、效果佳的肥料品种；建立健全肥料生产质量保证体系，生产经营的肥料质量符合相应的国家标准、行业标准、地方标准和企业标准以及《肥料标识　内容和要求》（GB 18382—2021），扎扎实实地抓好肥料生产、加工、包装、销售等全过程的质量监控，保证肥料质量达到农业安全生产要求，确保农民用上“放心肥”“安全肥”。

（二）加强肥料管理办法

加强产地土壤环境质量评价，设立长期土壤监测点，对灌溉水质、土壤施肥水平、植株农药残留进行监测，为科学施肥提供依据。加强对肥料中有毒有害物质的监测，严格实行肥料准入制度，加强产前、产中肥料质量监控，加快平衡施肥技术推广，实施控肥增效工程。科学引导对有机废物资源化、无害化的开发利用，增加对农田优质有机肥的投入。

（三）科学施肥

根据优化配方施肥技术，科学合理施肥。总的原则是：以有机肥为主，适当减少化肥使用量，使有机和无机肥料配合使用；以多元复合肥为主，单元素复合肥为辅；以施基肥为主，追肥为辅；有机肥应经过高温堆沤腐熟，杀死病菌、虫卵后施用；大量使用堆沤肥、厩肥、作物秸秆、饼肥、腐殖酸类肥料和微生物肥料等有机肥，禁止使用以垃圾和污泥为原料的肥料，保证肥料质

量，推广平衡施肥、秸秆还田、控氮技术，严格控制氮肥的施用量，提高氮肥利用率；加强生物肥料，特别是微生物肥料等新技术的研究、开发和推广。改进施肥和灌溉技术；研究推广设施栽培和无土栽培技术。另外，为降低污染，充分发挥肥效，应实施配方施肥，即根据农作物营养生理特点、吸肥规律、土壤供肥性能及肥料效应，确定有机肥、氮、磷、钾及微量元素肥料的适应量和比例以及相应的施肥技术，做到对症配方。

三、农膜污染的控制

（1）加强环保宣传教育，制定奖惩政策，大力宣传农田残膜危害土壤和污染环境的严重性，深化农村广大群众对残膜危害的认识，同时实施奖励政策，把清除农田残膜变成广大农民的自觉行为。

（2）推广残膜回收技术，可分为作物收后收膜，作物苗期收膜和耕整地收膜。减轻污染危害，对利用残膜为原料进行加工生产的工厂，应按国家有关利用“三废”的政策，减免税收。

（3）通过合理的农艺措施，增加农膜的重复使用率，相对减少农膜的用量，减轻农膜污染。如“一膜两用”“一膜多用”，以及早揭膜、旧膜的重复利用、农业生产组合等成熟的技术。

第三节　畜牧业农产品安全生产环境管控

一、饲料环境控制

（一）外部环境

外部环境包括畜禽舍周边的环境、地形地势、水源水质等环境因子。

1. 地形地势

畜牧场一般应选择地势高、干燥的地方，避免在低洼潮湿地建造畜禽舍，并远离沼泽地区，以保证场内环境的干燥。地势要向阳避风，特别应避开西北方向的山口和长形谷地。尽量避免在山区、谷地或山坝里修建畜牧场。畜牧场的地面要平坦而稍有坡度。地面坡度以1%~3%较为理想，最大不得超过25%。地形要开阔整齐，不可过于狭长或边角太多，以免影响建筑物的合理布局，增加生产组织和卫生防疫的困难。

场区的面积要根据畜禽的种类、生产规模，生产工艺（饲养管理方式、集约化程度）等因素确定，在保证生产要求的前提下，应尽量减少用地。如有可能，可预留发展余地。

畜牧场不应建在疫病污染区，附近也不应有此类土壤，要远离污染源（如化工厂、造纸厂、制革厂和屠宰场等）。也要考虑减少畜牧场对周围环境的污染。

2. 土质

畜牧场的土壤最好应满足下列条件：透气透水性强，毛细管作用弱，吸湿性和导热性小，质地均匀，抗压性强。在砂土、黏土和砂壤土3种典型土壤中，以砂壤土最为理想。如受客观条件的限制，土壤条件稍差，则应在畜禽舍的设计、施工、使用和其他日常管理上，设法弥补当地土壤的缺陷。

3. 水源

畜牧场在其生产过程中，既要满足畜禽的饮用水，也要满足生产用水，因此，必须有一个可靠的水源。要求畜牧场的水源水量充足，水质良好，便于防护，取用方便，设备投资少，处理技术简便易行。在地面水、地下水和降水3类水源中，应当首选地下水。在将地面水作为畜牧场的水源时，应尽量选用水量大、流动的地面水。供饮用的地面水一般应进行人工净化和消毒处理。

降水已受到污染，收集不易，储存困难，水量难以保证，故一般不宜作为畜牧场的水源。

4. 周边环境

畜牧场的周边环境指畜牧场周围的居民区、交通运输和电力供应等状况。

畜牧场的场址应选在居民点的下风处，地势低于居民点，但要离开居民点污水排出口，并与居民点保持一定间距：一般小场200 米以上；鸡、兔和羊场 500 米以上；大型牛场 500 米以上；大型猪、鸡场 1 500 米以上。

畜牧场要求交通便利，特别是大型集约化商品牧场，其物资需求和产品产量较大，对外联系密切，故应保证交通方便，但也要考虑防疫卫生条件，与主要公路的距离要在 300 米以上。

畜牧场应有可靠的电力供应，尽量靠近输电线路，并应有备用电源。

（二）内部环境和布局

内部环境和布局包括畜禽生活环境的气象因素、场所的绿化和清洁卫生、分区规划和布局、生活区设置、生产区场地设施与建筑布局、隔离舍与兽医室、尸体处理设施、粪尿等污染处理场所布局。

1. 气象因素

太阳辐射与畜禽生产力存在密切关系，在高温时，强烈的太阳辐射影响畜体的热调节，破坏热平衡，对家畜的各种生产力都有不良的影响。因此，有必要采取措施防止太阳辐射的不良影响。在牧地上种植遮阴树或搭盖凉棚，是防止太阳辐射的基本措施。合理组织夏季的饲养管理，如实行野营舍饲制，利用青刈牧草、青贮料等饲养乳牛和肉牛，或采用清晨、黄昏和夜间放牧，早晚使役等，都能减轻太阳辐射热的伤害。

空气湿度对畜禽的影响与环境温度有密切关系。当畜禽处于适温区时，高湿度对畜禽的热调节和生产性能会产生不良影响。这时，常出于其他的考虑，来限制空气湿度，一般要求畜禽舍内的相对湿度以50%~80%为宜。

光照对畜禽也有重要影响，如红外线照射到动物体上，可促进组织的新陈代谢及细胞增生，具有消炎、镇痛等作用。因此，在畜牧生产中，常用红外线作为热源，对雏鸡、仔猪、羔羊和病畜进行照射，不仅可以帮助畜禽御寒，而且可以改善其血液循环，促进生长发育，效果良好。紫外线的照射具有很多作用：用于手术室、消毒室或畜舍内的空气消毒，也可用于表面感染的治疗；预防和治疗佝偻病、软骨症的作用，紫外线引起的色素沉着作用可以预防动物内部组织的损害，实现对动物体的保护；增强免疫力和抗病力。但要注意，紫外线照射会引起动物的光敏性皮炎和光照性眼炎。

消除畜禽舍中的有害气体也是改善畜舍空气环境的一项重要措施。造成畜禽舍内有害气体浓度高的原因是多方面的，因此消除舍内有害气体必须采取综合措施。具体措施有：在畜禽舍内设置除粪装置和排水系统；及时清除粪尿污水；防止舍内潮湿；合理组织通风换气；使用垫料（麦秸、稻草）和吸附剂（过磷酸钾）吸收有害气体。

2. 场地分区规划与建筑布局

在选定的场址上，畜牧场应进行分区规划并进行建筑物的合理布局。畜牧场通常分3个功能区，即生产区（包括畜禽舍、饲料储存、加工、调制建筑物等）、管理区（包括与经营管理有关的建筑物及职工生活福利建筑物与设施等）和病畜禽处理区(包括兽医室、隔离舍等)。在进行畜牧场分区规划时，应从人畜保健的角度出发，以建立最佳生产联系和卫生防疫条件，来合理安排各区位置。考虑地势和主风方向，应按顺序安排各区。

此外，生产区与管理区应保持200~300米的距离（羊场、牛场500米），生产区与病畜禽处理区保持300米的距离，各区之间还应有必要的隔离设施，并防止管理区的生活污水和地表径流进入生产区。

畜牧场的规划布局，应根据具体条件，在遵循下列基本原则的基础上，因地制宜地制订。而不应生搬硬套现成的模式。

（1）根据生产环节确定的建筑物之间的最佳生产联系。畜牧生产过程由许多生产环节组成，各个环节需在不同的建筑物中进行。畜牧场建筑的布局应按彼此间的功能联系统筹安排，否则将影响安全生产的顺利进行。

（2）遵循兽医卫生和防火安全的规定。综合考虑防疫、防火、通风、采光等因素，畜禽舍间应保持20米以上的间距。在兽医卫生方面不安全的建筑物应位于地势低处及下风向。此外，应保证运料道、牧道与粪道不交叉。

（3）为减轻劳动强度、提高劳动效率创造条件。应当在遵守兽医卫生和防火要求的基础上，按建筑物之间的功能联系，尽量使建筑物配置紧凑，以保证最短的运输、供电和供水线路，并为实现生产过程机械化、减少基建投资、管理费用和生产成本创造条件。例如：饲料库、青贮建筑物、饲料加工调制间等，不仅可以集中于一地，且相距各畜禽舍的总距离应最小或靠近消耗饲料最多的畜禽舍；畜禽舍应平行整齐排列，并尽量布置成方形或近似方形；储粪场应设置在与饲料调制间相反的一侧，并使之到各畜舍的总距离最短等。

3. 畜禽运动场与场内道路的设置

（1）畜禽运动场的设置。为保证畜禽健康，一般都应设置舍外运动场，特别是种用家畜。运动场应选择在背风向阳的地

方，一般是利用畜舍间距，也可设在畜舍两侧，或设在场内比较开阔的地方；运动场要平坦、稍有坡度，四周应设置围栏或墙（牛 1.2 米、猪 1.1 米），围栏外应设排水沟。

（2）场内道路的设置。要求道路直而线路短；主干道路宽度为 5.5~6.5 米，支干道路宽度为 2.0~3.5 米；运输饲料、畜产品的道路不与除粪道通用或交叉；路面坚实、排水良好（有一定弧度）。

4. 畜牧场的公共卫生设施

畜牧场场界要划分明确，四周应建较高的围墙或坚固的防疫沟，以防止场外人员及动物自由进入场区；场内各区之间，应设较矮的围墙或较浅的防疫沟，或结合绿化培植隔离林带；在畜牧场大门及各区域入口处、各舍入口处，应设相应的消毒设施，如车辆消毒池、脚踏消毒槽或喷雾消毒室、更衣换鞋间等。

5. 畜牧场的储粪设施

粪尿分离时，储粪场应设在生产区的下风处，与畜禽舍保持 100 米的卫生间距（有围墙及防护设备时可缩小为 50 厘米），并应便于运往农田。贮粪池的深度以不受地下水的浸渍为宜，一般深 1 米，大小应视储放时间及家畜种类而定。

当实行水冲清粪时，粪水不分，除要求容积较大的粪水储积池外，还必须具备以下设施、设备和装置等条件：沉淀池或氧化池；可往粪沟或粪水池中加水的有关设备；用以提升、抽走粪水的泵、搅动装置、充气装置等；槽车或灌溉设施以及足以充分利用这些粪水的土地。

6. 畜牧场的绿化

畜牧场的绿化，不仅可以改善场区小气候、净化空气，而且在防疫和防火方面也有一定的作用。绿化的区域有场界林带、场内各区间的隔离林带、场内外道路两旁及运动场的遮阴林。

二、场区畜禽的质量控制

(一) 疫病的控制

畜禽疫病的防治措施可分为以预防为目的而采取的预防措施和在发生传染病时所采取的扑灭措施。

1. 预防措施

(1) 坚持自繁自养。很多传染病都是从外地引入畜禽的过程中由于误引病畜禽(临床症状不明显)或带菌(毒)畜禽所引起。所以，饲养畜禽以当地自繁自养为最好，不随意引入畜禽，以杜绝病原体的传入，这是防止畜禽传染病的重要措施之一。

(2) 加强检疫。必须引进或购入畜禽时，应委托有关部门(如动物检疫部门、兽医部门) 按规定进行严格的检疫，以便及时识别病畜禽或带菌(毒)畜禽，认真处理，消灭传染源。引入的畜禽应在专门的隔离场地进行饲养，进一步观察和检疫，不能随意合群，确实证明健康无病且不带病原体时，才能合群。一般隔离观察时间为2~3周。

集市贸易市场和畜禽的屠宰场地都是传染病最易传播的地方，应是检疫的重点对象，严禁病畜禽进入市场交易或对其进行收购、屠宰。检疫时发现的病畜禽或者畜禽产品，应根据传染病的性质和国家的有关规定进行无害化处理。

(3) 预防消毒。开展经常性的消毒，可以有效地杀灭外界环境中的病原体，从而达到预防传染病的目的。一般每1~2个月进行一次预防性消毒。消毒前应先对圈舍的墙壁、地面、运动场等进行打扫或清洗，然后再用消毒药液喷洒或涂刷。常用的消毒药物有烧碱水、石灰乳、漂白粉、煤酚皂(甲基苯酚)液、草木灰液、氨水等。其中石灰乳需现配现用，漂白粉混悬液须在

48 小时内用完，烧碱水加盐使用效果最好。

（4）预防接种。预防接种就是通常说的打预防针，有些还可通过口服、饮水或气雾接种，就是给畜禽注射或服用某种菌苗或疫苗，使畜禽产生对某种传染病的抵抗力，在一定时期内（免疫期）保护畜禽不发生某种传染病。在现在的畜牧业中，预防接种是防治畜禽传染病很重要和有效的措施之一，应当做好畜禽的预防接种工作。

2. 扑灭措施

畜禽中一旦发生传染病，应立即采取扑灭措施，具体应做好以下 6 点。

（1）报告疫情。发生传染病时，应立即将发病畜禽的情况、头（只）数、流行范围、主要症状及死亡情况等向当地兽医部门及有关部门报告，以便及时诊断，并采取相应的扑灭措施。

（2）隔离病畜禽。病畜禽是主要的传染源，因此隔离病畜禽是控制传染源的重要措施，可防止病原体的进一步扩散，以便将疫情控制在最小范围内加以就地扑灭。具体方法是划出专门的隔离场地及圈舍，与健康畜禽的饲养场地或圈舍完全断绝来往，配备专人进行饲养。隔离区内的用具、饲料、粪便等，未经彻底消毒处理，不得运出。没有治疗价值的病畜禽，由兽医根据国家有关规定进行严格处理。

疑似感染的畜禽，应另选地方将其隔离、看管，限制其活动，详加观察，出现症状的则按病畜禽处理。没出现症状的畜禽应立即进行紧急免疫接种或预防性治疗。

（3）封锁。发生传染病的地区称为疫区，范围更小一点的如某一个村子或院落称为疫点。当暴发某些重要传染病如口蹄疫、猪水疱病、鸡新城疫等时，对疫区或疫点应该实行封锁。封锁的目的是防止传染病向周围地带扩散，保护非疫区的健康畜禽不受传染，并把传染病迅速扑灭在该区。

（4）紧急免疫接种。在发生传染病时，为了迅速控制和扑灭疫病的流行，要对疫区和受威胁区内尚未发病的畜禽进行紧急免疫接种。多年来的实践证明，在疫区内使用某些疫（菌）苗进行紧急接种，效果较好。

在进行紧急免疫接种时，必须对所有受到传染威胁的畜禽逐头（只）进行详细的观察和检查，只能对正常无病的畜禽进行紧急接种，对病畜禽及可能已受到感染的潜伏期病畜禽，必须在严格消毒的情况下立即隔离，不能再接种疫（菌）苗。

（5）临时消毒和终末消毒。临时消毒指在发生传染病时，为了及时消灭病畜排出的病原体所进行的紧急消毒措施，可根据实际需要，多次或每天随时进行消毒。终末消毒指为了解除封锁，为消灭疫点内可能残留的病原体所进行的全面彻底的大消毒。

（6）药物预防和治疗。对畜禽进行药物预防和治疗是防疫的一个较新途径，由于某些疫病尚没有安全有效的疫苗，在疫区内采用药物预防方法可收到显著的效果。方法是把抗菌药物加到饲料和饮水中，让畜禽食入或饮入。

对患病畜禽进行治疗，一方面是为了挽救畜禽，减少损失；另一方面也是为了消灭传染病，因而是综合性防治措施的一个组成部分。治疗时应以针对病原体的对因治疗为主，主要是选用特异性的免疫血清、抗生素和化学药物等，杀灭患病畜禽体内的病原体。

（二）品质的控制

1. 抗生素残留的控制

（1）正确选择抗生素种类和确定剂量。根据使用目的、畜禽种类、生长阶段和生产选择安全、有效的抗生素，做到对症下

药，并确定安全有效的添加量。治疗时注意一次性投足剂量以达到预期结果。在以防治为目的时，应在兽医处方和指导下方可用于饲料。以促进生长、节约饲料为目的时应尽量少用。

（2）各种抗生素交替使用。抗生素的交替使用，可防止畜禽体内微生物产生抗性且有利于抗生素作用的发挥，并能防止体内残留抗生素。

（3）间隔使用。为避免耐药性的产生和畜产品内抗生素的残留，有些抗生素要间隔使用，特别是高剂量添加时。

（4）严格控制添加量。特别是对幼畜、禽和待屠宰的畜禽，严防投给超定剂量或添加量的计算出现较大误差。

（5）屠宰前严格执行停药期。以便畜产品抗生素的残留降到最低程度。

（6）抗生素并用时，注意配伍禁忌。

2. 激素残留的控制

（1）加强激素类药物的合理使用规范。包括合理配伍用药、使用兽用专用药，能用一种药的情况下不用多种药，特殊情况下最多不超过 3 种抗菌药物。对各种兽药制定具体而可行的使用规范。提高人们的食品安全意识，特别是饲养者的食品安全意识。

（2）加强监督检测工作。明确发布禁止用作添加剂的药物名单；对禁用的药物产品的源头进行有效的查封，并追究违法人员刑事责任。完善标准体系建设和提高检验检测水平，肉品检验部门、饲料监督检查部门以及技术监督部门应该加强动物饲料和动物性食品中的药物残留的检测，建立并完善分析系统，以保证动物性食品的安全性，提高食品质量，减少因消费动物性食品引起变态反应的危险性。在条件允许的情况下，可在畜禽屠宰或肉产品上市前再设一道防线。对动物的血液、尿液、宰杀后的肉及内脏进行检测，以确认其是否含违禁药品残留。开发并应用新型绿色安全的饲料添加剂，如微生态制剂、酶制剂、酸化剂、中草药制剂、天然生理活性物质、糖菇素、甘露寡糖、大蒜素等，逐渐替代现有的药物添加剂，减少致残留的药物和药物添加剂的使用。

第四节　水产品安全生产环境管控

水产养殖生产是多环节、多行业参与的综合性生产，要保证最终产品的安全性和标准性，必须对各环节进行全方位的监控，生产中各个细节的运作必须有严格的质控标准。

一、水产养殖环境的控制

水产养殖必须选择周围环境无污染、水源充足、水质良好、进排水方便、日照充足、饲料资源丰富、交通方便的良好生态环境区域，并具备一定的生产规模。水源丰富、水量充足，上游及附近无危及水产品的污染源，水质良好，符合淡水养殖用水质标准。池塘以长方形为宜，长宽比一般为5：3。池塘一般为东西向，利于接受更多光照，增大受风面积。池底略向排水方向倾斜。池塘坡度以1：(2.5~3）为好，砂土和砂壤土可适当减缓坡度，硬化塘埂可适当加大坡度，池塘进排水系统要完善，不得从相邻养殖池塘进水或排水。池塘应具备防滤、防逃、过滤等设备。

二、苗种的生产和引进

水产苗种生产和引进必须符合《中华人民共和国渔业法》《水产苗种管理办法》的规定。用于繁殖的亲本必须来源于原、良种场，质量符合相关标准。生产条件和设备应符合水产苗种生

产技术操作规程，苗种质量符合相关标准。水产苗种应加强产地检疫工作，经检疫合格方可出售或用于渔业生产。国内异地引进水产苗种，应当办理检疫手续，经检疫合格方可运输和销售。具有资质的水产苗种检疫人员应当按照检疫规程实施检疫，对检疫合格的水产苗种出具检验合格证明。水产苗种的进出口必须实施检疫，防止病害传入境内和传出境外。

三、饲料的质量控制

企业生产渔用饲料应当按照国务院颁布的《饲料和饲料添加剂管理条例》执行。无论单一饲料或配合饲料，其质量均应符合《无公害食品　渔用配合饲料安全限量》（NY 5072—2002）和各种养殖种类配合饲料营养行业标准、地方标准。不得使用霉变、变质、受农药或其他有害物质污染的饲料。在饲料中添加矿物质、维生素和油脂等添加剂，应按国务院颁布的《饲料和饲料添加剂管理条例》执行。添加量应符合行业或地方规定值和推荐值。适用药物添加剂的种类和用量应符合《饲料药物添加剂使用规范》中的规定和标准要求。不得选用国家禁止使用的药物，也不得在饲料中长期添加抗菌药物。

四、疾病的防治

（一）保证良好的养殖环境

1. 设计和建造养殖场时应符合防病要求

在建场前应首先对场址的地质、水文、水质、生物及社会条件等方面进行综合调查，在各个方面符合养殖要求后才能建场。尤其是水源一定要充足，水的理化性状要适合养殖对象的生长（如大菱鲆不耐高温，应考虑降温）、不被污染（主要是考虑水源是否有码头、浮油；河两岸有没有污染源，如化工厂、造纸厂、皮革厂等)、不带病原体。每个池塘应有独立的进排水泵系统。陆地工厂化养殖应建造蓄水池，进入养殖车间的水应经过蓄水池沉淀。有些品种的养殖（如牙鲆、大菱鲆）用水至少要进行砂滤净化，有条件的可以增设臭氧发生器、紫外线灭菌设施等，这样水经过消毒后再进入养殖车间，能防止病原体从水源中带入。网箱养殖时应充分考虑养殖海区的负载能力，不可盲目加大养殖量，否则很容易造成整个海区水质恶化，形成大面积流行病的暴发。

2. 采用理化方法改善生态环境

（1）陆上工厂化养殖。根据养殖量建造蓄水池，蓄水池如能大些则更理想，深度保持在2米以上有利于保持水质稳定（尤其在夏季高温期)。根据每日用水量建造砂滤池，砂滤池有砂滤井、无阀池等多种形式，根据当地实际条件作合适选择，总的原则是经滤的水须清澈，同时能够满足养殖用水需要。有条件的可以增设臭氧发生器（水族馆目前普遍采用)。将养殖用水经臭氧消毒，能除去绝大部分有害病原体。水池应定期泼撒漂白粉或其他消毒剂，尤其是在夏季高温水质突变的季节。

（2）池塘养殖。每年清除池底过多的淤泥，或排干池水后对池底进行翻晒、冰冻，淤泥不仅是病原体的滋生和储存场所，而且其在分解时消耗水中大量的溶氧，同时产生有毒或有害物，如硫化氢、氨等。定期换水或加注新水，保持水质清新。在主要生长季节，晴天的中午开增氧机，充分利用氧盈、降低氧债，改变溶氧分布的不均性，改善池水溶氧状况，提高池塘生产力。定期泼撒水质改良剂或底质改良剂，改善水质和底质。

3. 采用生物方法改善生态环境

通过生物的方法，人为地改善养殖水环境中的生物群落，使之有利于水质的净化，增强养殖鱼类的抗病能力，抑制病原生物

的生长繁殖。例如：工厂化养殖车间采用生物包技术，可以有效地降低亚硝酸根离子、氨氯等有害成分；采用光合细菌净化水质，可以除去水体中的氨离子及其他有机物的分解产物（亚硝酸盐、硫化氢等），并能通过光合细菌的快速繁殖，抑制其他病菌的繁殖；采用 DM_{423} 菌粉（止痢灵），它是一种活菌粉制剂，具有与抗生素药物相类似的功能，但不会产生抗药性，且无毒、无残留；利用混养的方法充分利用人工饵料、天然饵料及营养盐类，如红鳍东方鲀与中国对虾、日本对虾的混养可以有效防治虾病的发生，且红鳍东方鲀的养殖效果也明显比单养高。在鱼虾池塘中混养贝类（如海湾扇贝、文蛤、牡蛎、菲律宾蛤子等）有滤水作用，可抑制浮游生物的过量繁殖。

（二）控制和消灭病原体

1. 制定和严格执行检疫制度

目前国际和国内各地区间水产动物的移植或交换日趋频繁，由于移植海水养殖动物随之带进严重疾病而造成重大损失的例子已有很多，因此，必须制定严格的检疫制度，对于国际或国内不同地区间水产养殖动物的移植运输，应当进行严格的检疫，防止病原随着动物的运输而传播。特别是对一些国家或地区特有的危害严重的传染病，要深入了解其宿主范围、分布地区、发病的环境条件、病原的形态特征和生活史、疾病的症状和潜伏期等，才能有针对性地进行检疫。检疫方法是除了用微生物和寄生虫学的方法详细检查动物的体表和体内各器官组织有无携带病原或明显症状外，还要尽可能将运入或运出的动物放在一个与外界水体隔离的池塘中，饲养观察一段时间（一般为 15 天左右或针对某一疾病的潜伏期而定），如果动物身上携带病原，在这段时间内就会发生疾病。在证明没有携带病原后才能准许运进或运出。

2. 彻底清洗

清池包括清除池底淤泥和池塘消毒，育苗池、养成池、暂养池或越冬池在放养前都应清池。育苗池和越冬池一般都用水泥建成。新水泥池在使用前1个月左右就应灌满清洁海水，浸出水泥中的有毒物质，浸泡期间应隔几天换一次水，反复浸洗几次以后才能使用。已用过的水泥池，在再次使用前要彻底洗刷，清除池底和池壁污物后再用高锰酸钾或漂白粉等溶液消毒，最后用清洁海水冲洗干净，再灌水使用。

养成池和暂养池一般为土池。新建的池塘一般不需要浸泡和消毒，如果灌满水浸泡2~3天，再换水后放养更加安全。已养过鱼虾的池塘，因在底中沉积有大量残饵和粪便等有机物质，形成厚厚的一层淤泥。这些有机质腐烂分解后，不仅消耗溶解氧，产生氨、亚硝酸和硫化氢等有害物质，而且成为许多病原体的滋生基地，因此应当在养殖空闲季节，即冬季或春季将池水排空，将淤泥尽可能挖掉。消毒时应在池底留有少量水，盖过池底即可，然后用漂粉精或漂白粉溶于水中后均匀泼洒全池，过1~2天后灌入新鲜海水，再过3~5天后可放养。

3. 机体消毒

多年来的实践证明，即使健壮苗种，也难免有一些病原体寄生，因此消毒后的池塘，如放入未经消毒处理的水产动物苗种或亲本，又会把病原体带入，一旦条件适宜，便会大量繁殖而引起发病。所以，从预防疾病为主出发，切断传染途径，在放养或转池时都应该进行机体消毒。在机体消毒前，应认真做好病原体的检查工作，针对病原体的不同种类，选择适当方法进行消毒处理。

4. 饲料消毒

投喂的配合饲料若清洁、新鲜、不带病原体、无霉变，一般不进行消毒。喂活饵料应用淡水冲洗干净后再喂，储存时间过长时应防止其氧化变质；卤虫卵用漂白粉或甲醛浸泡消毒，淘洗干

净后再孵化；育苗时投喂天然轮虫、卤虫前应将其冲洗干净，再加抗生素消毒 0.5 小时后投放。

5. 工具消毒

养殖用的各种工具往往成为传播疾病的媒介，因此，发病池所用的工具应与其他池塘的工具分开，避免将病原体从一个池带入另一个池。如工具缺乏，无法做到分开，应将发病池用过的工具消毒处理后再使用。一般网具可用硫酸铜水溶液或高锰酸钾水溶液、福尔马林溶液、纯淡水等浸泡 0.5 小时；木质或塑料工具可用漂白粉水溶液消毒，然后用清水洗净后再使用。

6. 食场消毒

食场内常有残余饲料，腐败后为病原体的繁殖提供有利条件。此种情况在水温较高、疾病流行季节最易发生，所以除了注意投饲适量，每日捞除剩饲及清洗食场外，在疾病流行季节应定期在食场周围遍撒漂白粉、硫酸铜或敌百虫进行杀菌、杀虫，用量要根据食场的大小、水深、水质及水温而定。

7. 疾病流行季节前的药物预防

大多数疾病的发生都有一定的季节性，多数在 4—10 月流行。因此，掌握发病规律，及时而有计划地进行药物预防，是一种有效的措施，如在食场周围挂药袋或药篓，形成消毒区，利用水产动物来食场摄食时反复通过数次，达到预防目的。网箱养殖可在网箱四周挂药袋或药篓。

（三）加强饲养管理

可采用如下措施：放养健壮的育苗和适度的密度；饵料应质优适量；操作要细心；经常进行检查；在日常管理工作中要防止病原传播。

（四）免疫预防

水产动物之所以能健康地生活在水中，是因为它们本身存在若干有效防御机制。当病原体侵入机体，机体动员自身的防御力量进行一系列的生理反应，这些反应包括：阻止病原体的入侵、阻止入侵者的生长繁殖、控制其传播、消除病原体的病害作用、修复机体的损伤。水产动物对病原体的这种抵抗能力，叫作免疫力。免疫与感染处于动态平衡中，一旦病原体与机体的平衡遭到破坏，机体就受到病原体的袭击，出现症状，即被感染。提高水产动物的免疫力可以达到减少疾病发生频率的目的。

（五）合理使用渔用药物

渔用药物的使用必须按照《无公害食品　渔用药物使用准则》（NY 5071—2002）的规定执行，严禁使用未取得生产许可证、批准文号、生产执行标准的渔药。在水产动物病害防治中，推广使用高效、低毒残留药物，建议使用生物渔药。病害发生时应对症用药，防止滥用渔药与盲目增大用药量或增加用药次数、延长用药时间。

第七章　农产品加工过程质量管控

第一节　粮食产品加工过程质量管控

一、粮食制品质量方面存在的危害性因素

（一）粮食制品中可能存在的化学性危害

主要的化学污染物包括农药、不当使用的食品添加剂、食品工业有害物质等。

1. 农药残留

农药对人体产生的危害，包括致畸性、致突变性、致癌性以及对生殖和遗传的影响。

2. 食品添加剂

不正确使用可导致的安全问题有：急性和慢性中毒；引起变态反应，如糖精可引起皮肤瘙痒症；在人体内蓄积；食品添加剂有些转化物为有害物质；部分添加剂被确定或怀疑具致癌作用。

3. 食品工业有害物质的污染

污染途径有大气污染、工业废水污染、土壤污染，容器和包装材料的污染等。

（二）粮食制品中可能存在的生物性危害

生物性危害按生物的种类主要分为细菌性危害、霉菌性危害、昆虫危害（蝇类、蟑螂和螨类造成的危害）等。

1. 霉菌性危害

粮食上的真菌包括寄生菌、腐生菌和兼寄生菌。腐生菌在粮食上的数量最多，对粮食危害最大。粮食中典型的腐生菌是曲霉和青霉，这些腐生菌是造成粮食霉变发热、带毒的主要菌种。霉菌侵染粮食后可发生各种类型的病斑或色变。霉变的粮食营养价值降低，感官性状恶化，更为重要的是霉菌毒素对人体可能造成严重危害。

2. 细菌性危害

一般而言，细菌不会引起粮食发热，因为细菌活动需要游离的水存在，同时只有粮食籽粒表面出现孔道或创伤时，细菌才能进入粮食籽粒内部，并进入活跃期。但是，粮食的磨粉加工可以引起细菌的生长繁殖及食物变质。

3. 昆虫危害

有粮食害虫、螨类、蝇类和蟑螂等。同时，有毒植物混入粮食及其制品也会引起危害。粮食作物中有时会混入一些有毒的杂草籽粒等，如不严格筛选将其有效去除，也会给食用者造成一定的危害。

（三）粮食制品中可能存在的物理性危害

粮食制品中物理性危害是指在粮食制品中存在着非正常的具有潜在危害的外来异质，常见的有玻璃、铁钉、铁丝、铁针、石块、铅块、骨头、金属碎片等。当粮食制品中有上述异物存在时，可能对消费者造成身体伤害。

粮食制品中物理危害的来源，一是原料中存在的物理性危害，二是加工过程中混入的异物。

二、粮食储藏中存在的质量安全问题

（一）稻谷储藏中存在的质量安全问题

稻谷在储藏期间，由于其本身呼吸作用以及受微生物与害虫

生命活动的综合影响，往往会发热、霉变、生芽，导致稻谷品质劣变，丧失生命力，造成重大损失。稻谷的呼吸作用及微生物、害虫的生命活动，与稻谷的水分和温度以及大气的湿度与氧气等因素密切相关，其中，水分与温度又是最主要的因素。在保管过程中要通过控制各种因素把稻谷呼吸强度与微生物和害虫的生命活动压制到最微弱的程度，以防止稻谷发热、霉变、生芽，确保稻谷安全储藏。

（二）小麦储藏中存在的质量问题

小麦种皮较薄，无外壳保护，组织松软，含有大量的亲水物质，吸水能力强，极易吸附空气中的水汽，易滋生病虫，引起发热霉变或生芽。其中，白皮小麦的吸湿性比红皮小麦强，软质小麦的吸湿性比硬质小麦强。吸湿后的小麦籽粒体积增大，容易发热、霉变。此外，小麦是抗虫性差、染虫率较高的粮种。除少数豆类专食性虫种外，小麦几乎能被所有的贮粮害虫侵染，其中，以玉米象、麦蛾等为害最严重。

（三）玉米储藏中存在的质量安全问题

玉米外层有坚韧的果皮，透水性弱，但水分较容易从种胚和发芽口进入，不利于安全储藏。玉米同一果穗的顶部与基部授粉时间不同，致使顶部籽粒成熟度不够，成熟度往往不均匀。种子成熟度的差异会导致脱粒时籽粒破碎增多。受热害或晚秋玉米受冻等因素，均能增加种子生理活性，促使呼吸作用增强，不利于安全储藏。玉米胚部大，易吸水且脂肪含量高，胚部的脂肪酸值远远高于胚乳，酸败首先从胚部开始，同时胚部水分高，营养丰富，易生霉。

三、粮食生产的质量安全控制

（一）小麦面粉生产的质量安全控制

1. 小麦清理

（1）清理流程。小麦清理流程通常包括下述步骤的一部分或全部：初清（初清筛）→筛选（带风选）→去石→精选→磁选→打麦（清打）→筛选（带风选）→着水→润麦→磁选→打麦（重打）→筛选（带风选）→磁选→净麦仓。

（2）安全卫生控制方法。用磁选器清理，避免集结的金属掉到麦粉中；检查去石机或去石分级机的筛面磨损情况，光滑的筛面不利于石子上爬；保证润麦用水的清洁卫生，贮水箱定时清洁消毒；采取有效方法，尽量缩短润麦时间，防止微生物生长繁殖；润麦仓要合理周转使用，保证着水后的小麦或洗过的小麦能及时进行润麦。

2. 小麦研磨

（1）研磨方法。小麦研磨是通过磨齿的相互作用将麦粒剥开，从麸片上刮下胚乳，并将胚乳磨成具有一定细度的面粉。同时，应尽量保持皮层的完整，以保证面粉的质量。

（2）安全卫生控制方法。定时清理磨粉机磨膛内壁的残留面粉，杜绝微生物污染；及时清理堆积在车间内的下脚料，保证面粉生产的环境卫生；加强对员工的生产管理、卫生管理的培训和教育，提高员工的卫生意识；物料回机应严格按原则执行，不能随便回机。

（二）大米生产的质量安全控制

1. 原料中杂质控制

（1）化学性危害控制。选择耕地必须远离化工企业、制革企业、冶炼企业等高危产业的场地，选择具有良好抗逆性和抗病

性的水稻品种，建立良好的耕作制度，防止滥用化肥和农药造成的污染。

（2）生物性危害控制。加强田间管理，收获后及时清理，控制有毒植物和有害杂草籽混入；控制储藏环境的温湿度条件，防止粮食的霉变产生毒素，对已经污染的粮食进行去毒处理，如采用物理化学等方法将毒素去除或采用特殊的加工方法去除毒素。

2. 碾米、成品及辅产品处理各工序危害控制

（1）加工工序的各个环节。车间需设防蝇、防鼠设施，定期对生产车间进行消毒处理；加强操作人员的卫生质量意识，定期对从业人员进行健康检查；选择耐腐蚀、防污染的生产设备和用具，防止清洗过程中使用的试剂的残留。

（2）包装材料的选择。应选择符合卫生标准的包装材料，并保证包装材料储存场所的卫生，防止污染。

（3）储运各环节引入危害的控制。保持运输工具的清洁卫生，对仓库进行定期清理及消毒。同时，应注意通风设备的完善以及运输环境的温度。

四、糕点加工的质量安全控制

糕点因品种、配方不同生产工艺有所差别，其基本工艺流程如下。

原料接收及预处理→原料计量→原辅料配制→成型→焙烤→冷却→产品整理→计量包装→入库。

（一）原辅料的控制

采购的原辅料必须向出售方索取检验合格证书。不符合规定的，如霉变、坏粒等原料应拒绝入库，在储存过程中出现质量问题的也应废弃。添加剂的使用应严格按照《食品安全国家标准

食品添加剂使用标准》（GB 2760—2014）规定的使用范围和使用剂量标准添加。

（二）生产加工过程

生产中用的所有原料需经消毒处理，严格控制沙门氏菌的污染。在焙烤过程中应严格控制焙烤温度及焙烤时间，达到杀菌作用，并控制产品的含水量。加工设备及产品盛放容器应按照要求清洗消毒，盛放容器不得直接接触地面，各类食品包装材料均应符合国家卫生标准。

（三）加工者及环境卫生

加工者的手部卫生是关键控制点，手的消毒应严格按照消毒程序进行。同时，要加强生产环境的改善，建立环境卫生制度，定期清扫、消毒、检查、用灭菌剂在厂区喷雾，消灭空气中的微生物，禁止在车间四周乱堆放杂物等。

五、保鲜主食产品加工的质量安全控制

保鲜主食产品有饭、面、粥等。

（一）原辅料的控制

采购的原辅料必须向出售方索取检验合格证书。不符合规定的拒绝入库，原料在储存过程中出现质量问题应废弃。必须使用国家规定的定点厂生产的食品级添加剂，添加剂的使用严格执行《食品安全国家标准　食品添加剂使用标准》（GB 2760—2014）规定的使用范围和使用剂量。

（二）生产加工工程

蒸煮杀菌过程中应严格控制蒸煮温度及蒸煮时间，达到杀菌作用，加工设备及产品盛放容器应按照要求清洗消毒，盛放容器不得直接接触地面，各类食品包装材料均应符合国家卫生标准。

（三）加工者及环境卫生

保鲜主食产品生产过程中，人员卫生是影响半成品原始含菌

量的重要因素，要求操作人员严格执行卫生操作规范。同时，要加强生产环境的改善，建立环境卫生制度，定期清扫、消毒、检查、降低空气中的微生物数量，禁止在车间四周乱堆、乱放杂物等。

第二节　畜牧产品质量安全及控制

一、热鲜肉、冷冻肉和冷却肉

（一）热鲜肉

刚屠宰的畜禽，肌肉的温度通常在38~41℃，这种尚未失去生前体温的肉叫作热鲜肉。通常在凌晨宰杀，清早上市，不经过任何降温处理。从加工、运输到零售的过程中，热鲜肉不但要受到空气、苍蝇、运输工具、包装等方面的污染，而且由于肉的温度较高，细菌最容易大量繁殖，肉的品质容易受到腐败而变坏。

（二）冷冻肉

冷冻肉是指动物宰杀后，经预冷，在-18℃以下的温度中迅速冷冻，使其深层温度达-6℃以下的肉。冷冻肉细菌较少，食用比较安全，并且易于储藏，但是食用前需要解冻，这导致肉中大量的营养物质流失。

（三）冷却肉

冷却肉是指经严格执行兽医检疫制度，对屠宰后的畜禽胴体迅速进行冷却处理，使胴体温度24小时内降到0~4℃，并在后续加工、流通、销售过程中始终保持0~4℃范围内的生鲜肉。

冷却肉也称为预冷肉、冷鲜肉、排酸肉，但是，这3种说法都不太准确。

二、肉是否新鲜的判断方法

（一）新鲜肉的鉴别

新鲜肉的外观、色泽、气味都很正常，肉表面有稍带干燥的“皮膜”，呈浅玫瑰色或淡红色；切面稍带潮湿而无黏性，并具有各种动物肉特有的光泽；肉汁透明，肉质紧密，富有弹性；用手指按压，凹陷处立即复原；无酸臭味而带有鲜肉的自然香味；骨骼内部充满骨髓并有弹性，呈黄色，骨髓与骨的折断处发光；腱紧密而具有弹性，关节表面平坦而发光，其渗出液透明。

（二）陈旧肉的鉴别

陈旧肉的表面有时带有黏液，显得很干燥，与鲜肉相比表面与切口处的肉色发暗，切口潮湿而有黏性。如在切口处盖一张吸水纸，会留下许多水迹。肉汁浑浊无香味，肉质松软，弹性小；用手指按压，凹陷处不能立即复原；有时肉的表面发生腐败现象，稍有酸霉味，但深层还没有腐败的气味。

（三）腐败肉的鉴别

腐败肉的表面有时干燥，有时非常潮湿而带有黏性。通常在肉的表面和切口有霉点，呈灰色或淡绿色；肉质松软无弹力，用手指按压，凹陷处不能复原；不仅表面有腐败现象，在肉的深层也有厚重的酸败味。

三、畜禽肉腐败变质现象

畜禽肉腐败，会在感官上发生很多异常现象。在肉的表面会出现发黏、拉丝的现象，肉的颜色不再鲜亮，而是变暗、发灰、发褐或是变绿，同时还伴有不良的气味。

四、预防畜禽肉的腐败变质

预防畜禽肉的腐败，最重要的是防止微生物的污染和抑制肉中分解酶的活性。通常有以下 5 种方法。

(一) 冷藏和冷冻

即降低温度使微生物活动或是肉中分解酶的活性减弱或停止。

(二) 加热

高温可以杀死大量有害微生物，同时破坏分解酶的结构，可以有效地预防畜禽肉的腐败，如 70℃加热 30 分钟就可以有效杀死有害微生物。

(三) 干制脱水处理

即降低畜禽肉中的水分含量，抑制微生物和酶的作用，防止腐败变质。常用的干制脱水方法有自然日晒、食盐脱水、鼓风吹干等。

(四) 腌制

即在畜禽肉中添加盐或糖，提高渗透压，降低水的活性，使微生物脱水死亡，从而达到防止腐败的目的。

(五) 烟熏

用树木枝叶等来对畜禽肉进行烟熏处理，使肉失去部分水分，同时，大量吸收了烟中防腐物质，可有效抑制微生物和分解酶的作用，防止肉的腐败。

第三节　生猪定点屠宰管理

我国既是生猪生产大国，也是生猪产品消费大国，多数地区人民群众的日常肉食消费以猪肉为主。为了确保猪肉食品安全，杜绝病害肉、注水肉、添加“瘦肉精”肉进入市场，为了进一步加强生猪屠宰管理，保障人民身体健康，2021 年 6 月 25 日，国务院对《生猪屠宰管理条例》进行了第四次修订。《生猪屠宰管理条例》规定，国家实行生猪定点屠宰、集中检疫制度。除农村地区个人自宰自食的不实行定点屠宰外，任何单位和个人未经定点不得从事生猪屠宰活动。在边远和交通不便的农村地区，可以设置仅限于向本地市场供应生猪产品的小型生猪屠宰场点，具体管理办法由省、自治区、直辖市制定。

一、生猪定点屠宰厂（场）应具备的条件

（1）有与屠宰规模相适应、水质符合国家规定标准的水源条件。

（2）有符合国家规定要求的待宰间、屠宰间、急宰间、检验室以及生猪屠宰设备和运载工具。

（3）有依法取得健康证明的屠宰技术人员。

（4）有经考核合格的兽医卫生检验人员。

（5）有符合国家规定要求的检验设备、消毒设施以及符合环境保护要求的污染防治设施。

（6）有病害生猪及生猪产品无害化处理设施或者无害化处理委托协议。

（7）依法取得动物防疫条件合格证。

二、肉品的质量安全规定

（一）禁止注水

在屠宰过程中，严禁生猪定点屠宰厂（场）以及其他任何单位和个人对生猪、生猪产品注水或者注入其他物质。严禁生猪定点屠宰厂（场）屠宰注水或者注入其他物质的生猪。同时，生猪定点屠宰厂（场）对未能及时出厂（场）的生猪产品，应当采取冷冻或者冷藏等必要措施予以储存。

未经肉品品质检验或者经肉品品质检验不合格的生猪产品，不得出厂（场）。生猪定点屠宰厂（场）对病害生猪及生猪产品进行无害化处理的费用和损失，由地方各级人民政府结合本地实际予以适当补贴。

生猪定点屠宰厂（场）出厂（场）未经肉品品质检验或者经肉品品质检验不合格的生猪产品的，由农业农村主管部门责令停业整顿，没收生猪产品和违法所得；货值金额不足1万元的，并处10万元以上15万元以下的罚款；货值金额1万元以上的，并处货值金额15倍以上30倍以下的罚款；对其直接负责的主管人员和其他直接责任人员处5万元以上10万元以下的罚款；情节严重的，由设区的市级人民政府吊销生猪定点屠宰证书，收回生猪定点屠宰标志牌，并可以由公安机关依照《中华人民共和国食品安全法》的规定，对其直接负责的主管人员和其他直接责任人员处5日以上15日以下拘留。

（二）屠宰规程

生猪定点屠宰厂（场）应当建立生猪进厂（场）查验登记制度。生猪定点屠宰厂（场）应当依法查验检疫证明等文件，利用信息化手段核实相关信息，如实记录屠宰生猪的来源、数量、检疫证明号和供货者名称、地址、联系方式等内容，并保存相关凭证。发现伪造、变造检疫证明的，应当及时报告农业农村主管部门。发生动物疫情时，还应当查验、记录运输车辆基本情况。记录、凭证保存期限不得少于2年。

生猪定点屠宰厂（场）接受委托屠宰的，应当与委托人签订委托屠宰协议，明确生猪产品质量安全责任。委托屠宰协议自协议期满后保存期限不得少于2年。

生猪定点屠宰厂（场）屠宰生猪，应当遵守国家规定的操作规程、技术要求和生猪屠宰质量管理规范，并严格执行消毒技术规范。发生动物疫情时，应当按照国务院农业农村主管部门的规定，开展动物疫病检测，做好动物疫情排查和报告。

生猪定点屠宰厂（场）应当建立严格的肉品品质检验管理制度。肉品品质检验应当遵守生猪屠宰肉品品质检验规程，与生猪屠宰同步进行，并如实记录检验结果。检验结果记录保存期限不得少于2年。

经肉品品质检验合格的生猪产品，生猪定点屠宰厂（场）应当加盖肉品品质检验合格验讫印章，附具肉品品质检验合格证。未经肉品品质检验或者经肉品品质检验不合格的生猪产品，不得出厂（场）。经检验不合格的生猪产品，应当在兽医卫生检验人员的监督下，按照国家有关规定处理，并如实记录处理情况；处理情况记录保存期限不得少于2年。

（三）动物检疫

生猪定点屠宰厂（场）屠宰的生猪，应当依法经动物卫生监督机构检疫合格，并附有检疫证明。

三、定点屠宰猪的销售

从事生猪产品销售、肉食品生产加工的单位和个人以及餐饮服务经营者、集中用餐单位生产经营的生猪产品，必须是生猪定点屠宰厂（场）经检疫和肉品品质检验合格的生猪产品。

第八章　农产品流通环节质量管控

第一节　运输与储藏标准

一、运输

农产品收获后应就地修整，及时包装、运输；运输时做到轻装、轻卸，严防机械损伤；运输工具要清洁、卫生、无污染、无杂物；短途运输中严防日晒、雨淋，长途运输中注意采取防冻保温或降温措施，不使产品质量受到影响。具体的运输要求参照《农产品加工及运输要求》（T/QGCML 063—2020）。

二、贮藏

农产品临时贮藏应在阴凉、通风、清洁卫生的条件下，防日晒、雨淋、冻害及有毒有害物质的污染；堆码整齐，防止挤压等损伤；短期贮藏应按品种、规格分别堆码，货堆不得过大，保持通风散热，控制适宜温湿度。具体的贮藏要求参照《食用农产品保鲜贮藏管理规范》（GB/T 29372—2012）。

第二节　乳品收购管理

《乳品质量安全监督管理条例》规定乳品质量安全的第一责任人是奶畜养殖者、生鲜乳收购者、乳制品生产企业和销售者，县级以上地方人民政府对本行政区域内的乳品质量安全监督管理负总责。县级以上人民政府畜牧兽医主管部门负责奶畜饲养以及生鲜乳生产环节、收购环节的监督管理。

该条例规定，省、自治区、直辖市人民政府畜牧兽医主管部门应当根据当地奶源分布情况，按照方便奶畜养殖者、促进规模化养殖的原则，对生鲜乳收购站的建设进行科学规划和合理布局。必要时，可以实行生鲜乳集中定点收购。国家鼓励乳制品生产企业按照规划布局，自行建设生鲜乳收购站或者收购原有生鲜乳收购站。

一、生鲜乳收购站的建立

生鲜乳收购站应当由取得工商登记的乳制品生产企业、奶畜养殖场、奶农专业生产合作社开办，并具备下列条件，取得所在地县级人民政府畜牧兽医主管部门颁发的生鲜乳收购许可证。

（1）符合生鲜乳收购站建设规划布局。

（2）有符合环保和卫生要求的收购场所。

（3）有与收奶量相适应的冷却、冷藏、保鲜设施和低温运输设备。

（4）有与检测项目相适应的化验、计量、检测仪器设备。

（5）有经培训合格并持有有效健康证明的从业人员。

（6）有卫生管理和质量安全保障制度。

生鲜乳收购许可证有效期 2 年；生鲜乳收购站不再办理工商登记。禁止其他单位或者个人开办生鲜乳收购站。禁止其他单位或者个人收购生鲜乳。国家对生鲜乳收购站给予扶持和补贴，提高其机械化挤奶和生鲜乳冷藏运输能力。

二、生鲜乳的质量安全规定

（一）建立各项记录

生鲜乳收购站应当建立生鲜乳收购、销售和检测记录。生鲜乳收购、销售和检测记录应当包括畜主姓名、单次收购量、生鲜乳检测结果、销售去向等内容，并保存2年。

（二）签订购销合同

生鲜乳购销双方应当签订书面合同。生鲜乳购销合同示范文本由国务院畜牧兽医主管部门会同国务院工商行政管理部门制定并公布。

生鲜乳交易价格受县级以上价格部门的监控，购销双方签订合同时可参考物价部门发布的市场供求信息和价格信息。

（三）禁止添加任何物质

禁止在生鲜乳生产、收购、贮存、运输、销售过程中添加任何物质。

（四）处理不合格乳品

收购站不允许收购含下列情况的生鲜乳，同时，经检测无误后，应当予以销毁或者采取其他无害化处理措施。

（1）经检测不符合健康标准或者未经检疫合格的奶畜产的生鲜乳。

（2）奶畜产犊7天内的初乳，但以初乳为原料从事乳制品生产的除外。

（3）在规定用药期和休期内的奶畜产的生鲜乳。

（4）其他不符合乳品质量安全国家标准的生鲜乳。

（五）执行规范的贮运制度

生鲜乳运输车辆应当取得所在地县级人民政府畜牧兽医主管部门核发的生鲜乳准运证明，并随车携带生鲜乳交接单。交接单应当载明生鲜乳收购站的名称、生鲜乳数量、交接时间，并由生鲜乳收购站经手人、押运员、司机、收奶员签字。

生鲜乳交接单一式两份，分别由生鲜乳收购站和乳品生产者保存，保存时间为 2 年。准运证明和交接单式样由省、自治区、直辖市人民政府畜牧兽医主管部门制定。

（六）采用合格容器

对于收购的生鲜乳和贮存生鲜乳的容器，应当符合国家有关卫生标准，在挤奶后 2 小时内应当降温至 0~4℃。

（七）自觉接受行政监管

县级以上人民政府畜牧兽医主管部门应当加强生鲜乳质量安全监测工作，制定并组织实施生鲜乳质量安全监测计划，对生鲜乳进行监督抽查，并按照法定权限及时公布监督抽查结果。监测抽查不得向被抽查人收取任何费用，所需费用由同级财政列支。

（八）保持生鲜乳的质量

生鲜乳收购站应当及时对挤奶设施、生鲜乳贮存运输设施等进行清洗、消毒，避免对生鲜乳造成污染。生鲜乳收购站应当按照乳品质量安全国家标准对收购的生鲜乳进行常规检测。检测费用不得向奶畜养殖者收取。生鲜乳收购站应当保持生鲜乳的质量。

（九）及时报告质量安全事故

乳品收购过程中发生质量安全事故的，应及时向政府主管部门报告，并按照有关要求处置。

第三节　水产品流通管理

一、水产品进入市场流通前的检验检疫

2022 年 9 月 7 日，农业农村部公布修订后的《动物检疫管

理办法》，其中，第十五条指出，出售或者运输水生动物的亲本、稚体、幼体、受精卵、发眼卵及其他遗传育种材料等水产苗种的，经检疫符合下列条件的，出具动物检疫证明：来自未发生相关水生动物疫情的苗种生产场；申报材料符合检疫规程规定；临床检查健康；需要进行实验室疫病检测的，检测结果合格。水产苗种以外的其他水生动物及其产品不实施检疫。

中国的鱼虾等水产品除出口外，在国内市场上销售的有很大一部分没有经过行业检疫，许多鱼虾类产品从鱼塘出来就被直接端上了餐桌。尽管中国目前已经建立起了比较完备的水产养殖病害监测系统，但水产品检疫是一个相对较为复杂的工程，目前具有水产防疫检疫上岗资格的技术人员远远不能满足实际需求。水生动物不进行检疫，极易引起疾病蔓延，损害消费者健康，为此鱼虾类产品上市销售应确保检疫合格。

二、我国水产品流通的主要渠道

水产品流通渠道，是水产品从生产（养殖或捕捞）领域到消费领域所经过的途径或通道。水产品渠道按长短和复杂程度大体又可分为 3 种类型。

（1）生产者直接通过零售商将水产品送到消费者手中，中间环节较少。

（2）在生产者和零售商之间又加入了一级或多级中间批发商，中间批发商既可以是水产品加工企业，也可以是纯粹的流通组织。

（3）渔民的自产自销和产销直挂。自产自销虽然带有浓重的自然经济色彩，但在生产力水平多层次并存的今天仍有其生存的空间。产销直挂则随着一种新的流通组织——产销联合体的产生正悄然兴起。

产销联合体是将生产、加工、销售结合在一起，实行水产品生产、加工和销售综合经营的经济组织，其特点是产、加、销一条龙。由于产销一体化经营将水产品生产、流通等各个环节有机地结合起来，打破了生产与流通的分割，打破了城乡界限，减少了中间环节，发展前景看好。

三、我国水产品流通的主要环节

水产品的流通一般都要经过收购、批发和零售几个基本的环节，贮藏和运输是每一环节必要的辅助手段。由于水产品的鲜活易腐性，有时还需经过加工后才进入批发和零售环节。

批发是生产者和零售商之间、产地和销地之间的流通环节，是较大规模的商品流通不可或缺的一环。水产品多种经济成分共同参与水产品经营。除了一部分产销直挂和自产自销的水产品，绝大部分需要在加工和零售之间、生产和零售之间进行批发交易。批发市场集水产品冷藏、运输、批发、零售于一体，产品直接面向批发商、零售商以及最终消费者，对水产品市场的繁荣起到积极的作用。

零售是把水产品销售给最终消费者的流通环节，是水产品流通中最活跃的一环。我国水产品的零售主要遍及各地的城乡集贸市场和超市。

第九章　农产品质量安全认证

第一节　农产品质量安全认证概述

一、认证

（一）认证的概念

认证是指由认证机构证明产品、服务、管理体系符合相关技术规范、相关技术规范的强制性要求或者标准的合格评定活动。认证的种类包括产品认证、服务认证（又称过程认证）、管理体系认证。其中，产品认证、管理体系认证已经比较普遍，而服务认证一般可以当作一种特殊的产品认证，服务单位也有相应的管理体系可以进行认证。在我国境内从事认证活动的工作机构，应该遵守《中华人民共和国认证认可条例》。

（二）认证的种类

国际通行的认证包括产品认证和体系认证。产品认证是对终端产品质量安全状况进行评价，体系认证是对生产条件保证能力进行评价。二者相近又不同，产品认证突出检测，体系认证重在过程考核，一般不涉及产品质量的检测。在农业方面，最主要的是产品认证，也就是终端产品的质量安全认证。

从发展的态势看，体系认证比较符合中国农业生产实际的主要是 GAP（良好农业操作规范）认证、GMP（良好生产规范）认证、HACCP（危害分析与关键点控制）认证。近年来，GAP 和 HACCP 在农业行业中的认证逐渐增多。

从国际社会成功的运作效果看，GAP 适用于种植业产品的生产过程认证，打造知名生产基地和企业；GMP 适用于农产品加工品和兽药等农业投入品的生产过程认证，培育知名生产加工企业；HACCP 适用于畜禽水产养殖业及其加工业生产过程认证，打造知名生产基地、养殖大户和龙头企业。从中国的农产品生产实际和发展方向上看，农产品质量安全方面的认证还主要是产品认证。在产品认证当中主要是绿色食品、有机产品和地理标志农产品。

二、农产品质量安全认证

(一) 我国农产品质量安全认证的重要性

我国实施农产品质量安全认证的重要性表现在以下 3 个方面。

1. 有利于促进农业可持续发展

农产品质量安全问题主要是由于环境污染而引起的。要解决农产品的质量安全问题，推进农业产业升级，首先要保护好农业生态环境，防止和治理环境污染。从这个意义上说，以安全农产品生产为动力的农业生产方式的转变，必将极大地促进生态环境保护。优质农产品的价格高于普通食品，市场需求旺盛，能够提高农业经济效益。我国辽阔的山区和边远农村具有发展安全优质农产品的环境基础，开展农产品质量安全认证，可以增加农产品的环境附加值、增加农民收入，是解决农民脱贫致富的一条有效途径。

总之，通过安全农产品系列生产技术、规程的实施，不仅可降低农业成本，提高农产品质量，增加农民收入，同时对保护生

态环境也有极大的好处。以此为突破口，必将形成农业生产与农业环境的良性循环，实现农业的可持续发展。

2. 有利于提高农产品质量

随着人民生活水平的提高，我国消费者的环境意识与健康意识不断增强，人们对农产品消费的需求也逐步提高。现在大多数消费者关心的不仅是吃饱的问题，还要求吃得好、吃得放心，普遍要求提供安全、优质的农产品。通过农产品质量安全认证，可以规范和约束农业生产行为，减少农产品生产过程的污染，提高农产品的质量安全水平，更好地保障消费者的食物消费安全。

3. 有利于增强农产品国际竞争力

农产品是我国出口创汇产品的重要组成部分，农产品出口额在国家出口创汇额中占有相当的比重。近年来，由于我国农业投入品特别是化学品的大量使用，产生了一系列的环境和农产品质量问题，不仅影响了人们的身体健康，还直接影响了农产品的出口创汇。

为了提高我国农产品质量，提升我国农产品在国际市场的竞争力，打破国际贸易中的“绿色壁垒”，必须实行农产品质量安全认证，发展绿色食品或有机食品，同时也可进行 ISO 9000 质量管理体系和 HACCP 等认证，获得国际绿色通行证，打破食品国际“绿色壁垒”，增强农产品国际竞争力。

（二）农产品质量安全认证的特点

1. 认证的实时性

农业生产季节性强、生产周期长，在农产品生长的一个完整周期中，需要认证机构进行检查和监督，以确保农产品生产过程符合认证标准要求。同时，农业生产受气候条件影响较大，气候条件的变化直接对一些危害农产品质量安全的因子产生影响，比如，直接影响作物病虫害、动物疫病的发生和变化，进而不断改变生产者对农药、兽药等农业投入品的使用，从而产生农产品质量安全风险。因此，对农产品认证的实时性要求高。

2. 认证的全程可控性

农产品生产和消费是一个“从土地到餐桌”的完整过程，要求农产品认证（包括体系认证）遵循全程质量控制的原则，从产地环境条件、生产过程（种植、养殖和加工）到产品包装、运输、销售实行全过程现场认证和管理。

3. 认证的个性差异性

一方面，农产品认证产品种类繁多，认证的对象既有植物类产品，又有动物类产品，物种差异大，产品质量变化幅度大；另一方面，现阶段我国农业生产分散，组织化和标准化程度较低，农产品质量的一致性较差，且由于农民技术水平和文化素质的差异，生产方式有较大的不同。因此，与工业产品认证相比，农产品认证的个案差异较大。

4. 认证的风险评价因素复杂性

农业生产的对象是复杂的动植物生命体，具有多变的、非人为控制因素。农产品受遗传及生态环境影响较大，其变化具有内在规律，不以人的意志为转移，产品质量安全控制的方式、方法多样，与工业产品质量安全控制的工艺性、同一性有很大的不同。

5. 认证的地域特异性

农业生产地域性差异较大，相同品种的作物，在不同地区受气候、土壤、水质等影响，产品质量也会有很大的差异。因此，保障农产品质量安全采取的技术措施也不尽相同，农产品认证的地域性特点比较突出。

（三）我国农产品质量安全认证的发展

我国农产品质量安全认证始于20世纪90年代初农业部实施

的绿色食品认证。20 世纪 90 年代后期，国内一些机构引入国外有机食品标准，实施了有机食品认证。有机食品认证是农产品质量安全认证的一个组成部分。另外，我国还在种植业产品生产推行 GAP 和在畜牧业产品、水产品生产加工中实施 HACCP 食品安全管理体系认证。

2001 年，在中央提出发展高产、优质、高效、生态、安全农业的背景下，农业部提出了无公害农产品的概念，并组织实施“无公害食品行动计划”，各地自行制定标准开展了当地的无公害农产品认证。在此基础上，2003 年实现了统一标准、统一标志、统一程序、统一管理、统一监督的全国统一的无公害农产品认证。

2007 年，农业部为了保护具有地域特色的农产品资源，颁布了《农产品地理标志管理办法》，在全国范围内登记保护地理标志农产品，也逐渐形成了“三品一标”的整体工作格局。

2012 年 3 月，农业部印发《关于进一步加强农产品质量安全监管工作的意见》。“三品一标”已由相对注重发展规模进入更加注重发展质量的新时期，由树立品牌进入提升品牌的新阶段。

2019 年 12 月，为加快推进无公害认证制度改革，避免在无公害农产品认证工作停止后出现监管“真空”，农业农村部印发《全国试行食用农产品合格证制度实施方案》的通知，决定在全国试行食用农产品合格证制度。

2021 年 11 月 3 日，农业农村部办公厅印发《关于加快推进承诺达标合格证制度试行工作的通知》，指出将合格证名称由“食用农产品合格证”调整为“承诺达标合格证”，并对合格证参考样式做了进一步优化。

2022 年 9 月 29 日，农业农村部发布《关于实施农产品“三品一标”四大行动的通知》，四大行动包含了达标合格农产品亮证行动。食用农产品承诺达标合格证制度是落实农产品生产经营者主体责任、提升农产品质量安全治理能力的有效途径，是农产品质量安全管理领域中一项管长远的制度创新，已经上升为法定制度，在法律层面明确了承诺达标合格证的法律地位。随着新修订的《中华人民共和国农产品质量安全法》2023 年 1 月 1 日起的正式施行，开具承诺达标合格证确定为农产品的生产企业、农业专业合作社、从事农产品收购的单位或者个人的一项法律义务。

至此，“三品一标”内涵发生了变化。包括无公害农产品、绿色食品、有机农产品和农产品地理标志的传统“三品一标”，发展为包括绿色、有机、地理标志和达标合格农产品的“三品一标”。

第二节　绿色食品的认证

绿色食品是指产自优良生态环境、按照绿色食品标准生产、实行全程质量控制并获得绿色食品标志使用权的安全、优质食用农产品及相关产品。

一、绿色食品标准

我国绿色食品标准是以全程质量控制为核心，是由绿色食品产地环境质量标准、绿色食品生产技术标准、绿色食品产品标准、绿色食品包装标签标准、绿色食品储藏运输标准等标准构成的一个科学完善的食品标准体系。

（一）绿色食品产地环境质量标准

绿色食品产地环境质量标准，即《绿色食品　产地环境质

量》（NY/T 391—2021）。该标准规定了产地的空气质量标准、水质标准、土壤环境质量标准及环境可持续发展标准等指标以及浓度限值、监测方法。制定这类标准的目的，一是强调绿色食品必须产自良好的生态环境地域，以保证绿色食品最终产品的无污染、安全性；二是促进对绿色食品产地环境的保护和改善。

（二）绿色食品生产技术标准

绿色食品生产过程的控制是绿色食品质量控制的关键环节。绿色食品生产技术标准是绿色食品标准体系的核心，它包括绿色食品生产资料使用准则和绿色食品生产技术操作规程两部分。

绿色食品生产资料使用准则是对绿色食品过程中物质投入的一个原则性规定。包括《绿色食品　农药使用准则》（NY/T 393—2020）、《绿色食品　肥料使用准则》（NY/T 394—2021）、《绿色食品　食品添加剂使用准则》（NY/T 392—2013）、《绿色食品　饲料及饲料添加剂使用准则》（NY/T 471—2018）、《绿色食品　兽药使用准则》（NY/T 472—2022）。各项准则中主要对允许、限制和禁止使用的生产资料及其使用方法、使用剂量等作出了明确规定。

绿色食品生产技术操作规程是以上述准则为依据，按作物种类、畜牧种类和不同农业区域的生产特性分别制定的，用于指导绿色食品生产活动，规范绿色食品生产技术的技术规定，包括农产品种植、畜禽饲养、水产养殖和食品加工等技术操作规程。

（三）绿色食品产品标准

该标准是衡量绿色食品最终产品质量的指标尺度。它虽然跟普通食品的国家标准一样，规定了食品的外观品质、营养品质和卫生品质等内容，但其卫生品质要求高于国家现行标准，主要表现在对农药残留和重金属的检测项目种类多、指标严。而且，使用的主要原料必须是来自绿色食品产地的、按绿色食品生产技术

操作规程生产出来的产品。绿色食品产品标准反映了绿色食品生产、管理和质量控制的先进水平，突出了绿色食品产品无污染、安全的卫生品质。

(四) 绿色食品包装标签标准

绿色食品包装、储藏运输标准，即《绿色食品　包装通用准则》(NY/T 658—2015)。该标准规定了绿色食品产品包装的基本要求、安全卫生要求、生产要求、环保要求、标志与标签要求和标识、包装、贮存与运输要求。要求产品包装从原料、产品制造、使用、回收和废弃的整个过程都应有利于食品安全和环境保护，包括包装材料的安全、牢固性，节省资源、能源，减少或避免废弃物产生，易回收循环利用，可降解等具体要求和内容。

绿色食品产品标签，除要求符合《食品安全国家标准　预包装食品标签通则》(GB 7718—2011) 外，还要求符合《中国绿色食品商标标志设计使用规范手册》规定，该手册对绿色食品的标准图形、标准字形、图形和字体的规范组合、标准色、广告用语以及在产品包装标签上的规范应用均作了具体规定。

(五) 绿色食品储藏运输标准

绿色食品储藏运输标准，即《绿色食品　储藏运输准则》(NY/T 1056—2021)。该项标准对绿色食品的储藏设施、出入库、码放、储藏条件、储藏管理以及绿色食品的运输工具、运输条件、运输管理等方面作出了规定，以保证绿色食品在储藏运输过程中不遭受污染、不改变品质，并有利于环保、节能。

以上 5 项标准对绿色食品产前、产中和产后全过程质量控制技术和指标作了全面的规定，构成了一个科学、完整的标准体系。

二、绿色食品认证

2022 年最新修订的《绿色食品标志管理办法》指出：中国

绿色食品发展中心负责全国绿色食品标志使用申请的审查、颁证和颁证后跟踪检查工作。省级人民政府农业行政农村部门所属绿色食品工作机构（以下简称省级工作机构）负责本行政区域绿色食品标志使用申请的受理、初审和颁证后跟踪检查工作。

申请使用绿色食品标志的生产单位（以下简称申请人），应当具备下列条件：能够独立承担民事责任；具有绿色食品生产的环境条件和生产技术；具有完善的质量管理和质量保证体系；具有与生产规模相适应的生产技术人员和质量控制人员；具有稳定的生产基地；申请前三年内无质量安全事故和不良诚信记录。

申请使用绿色食品标志的产品，应当符合《中华人民共和国食品安全法》和《中华人民共和国农产品质量安全法》等法律法规规定，在国家知识产权局商标局核定的范围内，并具备下列条件：产品或产品原料产地环境符合绿色食品产地环境质量标准；农药、肥料、饲料、兽药等投入品使用符合绿色食品投入品使用准则；产品质量符合绿色食品产品质量标准；包装贮运符合绿色食品包装贮运标准。

申请人提交申请和相关材料，经过文审、现场检查，同时安排环境质量现状调查和产品抽样，检查结果、环境检测和产品检测报告汇总后，合格者颁发证书。证书有效期是3年。绿色食品认证程序如下。

1. 申请

申请人应当向省级工作机构提出申请，并提交下列材料：标志使用申请书；产品生产技术规程和质量控制规范；预包装产品包装标签或其设计样张；中国绿色食品发展中心规定提交的其他证明材料。

2. 受理

省级工作机构应当自收到申请之日起10个工作日内完成材

料审查。符合要求的，予以受理，并在产品及产品原料生产期内组织有资质的检查员完成现场检查；不符合要求的，不予受理，书面通知申请人并告知理由。

现场检查合格的，省级工作机构应当书面通知申请人，由申请人委托符合要求的检测机构对申请产品和相应的产地环境进行检测；现场检查不合格的，省级工作机构应当退回申请并书面告知理由。

3. 现场抽样

检测机构接受申请人委托后，应当及时安排现场抽样，并自产品样品抽样之日起20个工作日内、环境样品抽样之日起30个工作日内完成检测工作，出具产品质量检验报告和产地环境监测报告，提交省级工作机构和申请人。检测机构应当对检测结果负责。

4. 认证审核

省级工作机构应当自收到产品检验报告和产地环境监测报告之日起20个工作日内提出初审意见。初审合格的，将初审意见及相关材料报送中国绿色食品发展中心。初审不合格的，退回申请并书面告知理由。省级工作机构应当对初审结果负责。

中国绿色食品发展中心应当自收到省级工作机构报送的申请材料之日起30个工作日内完成书面审查，并在20个工作日内组织专家评审。必要时，应当进行现场核查。

5. 认证评审

中国绿色食品发展中心应当根据专家评审的意见，在5个工作日内作出是否颁证的决定。同意颁证的，与申请人签订绿色食品标志使用合同，颁发绿色食品标志使用证书，并公告；不同意颁证的，书面通知申请人并告知理由。

6. 颁证

绿色食品标志使用证书是申请人合法使用绿色食品标志的凭

证，应当载明准许使用的产品名称、商标名称、获证单位及其信息编码、核准产量、产品编号、标志使用有效期、颁证机构等内容。绿色食品标志使用证书分中文、英文版本，具有同等效力。

绿色食品标志使用证书有效期 3 年。证书有效期满，需要继续使用绿色食品标志的，标志使用人应当在有效期满 3 个月前向省级工作机构书面提出续展申请。省级工作机构应当在 40 个工作日内组织完成相关检查、检测及材料审核。初审合格的，由中国绿色食品发展中心在 10 个工作日内作出是否准予续展的决定。准予续展的，与标志使用人续签绿色食品标志使用合同，颁发新的绿色食品标志使用证书并公告；不予续展的，书面通知标志使用人并告知理由。标志使用人逾期未提出续展申请，或者申请续展未获通过的，不得继续使用绿色食品标志。

三、绿色食品标志及管理

（一）绿色食品标志的基本图案

绿色食品标志用特定图形来表示，如图 9-1 所示。绿色食品标志图形由 3 部分构成：上方的太阳、下方的叶片和中心的蓓蕾，分别代表了生态环境、植物生长和生命的希望。标志图形为正圆形，意味着保护、安全。整个图形描绘了一幅明媚阳光照耀下的和谐生机，告诉人们绿色食品是出自纯净、良好生态环境的安全、无污染食品，能给人们带来无限的生命力。绿色食品标志还提醒人们要保护环境和防止污染，通过协调人与环境的关系，创造自然界新的和谐。

（二）绿色食品标志管理

绿色食品标志使用人在证书有效期内享有下列权利：在获证产品及其包装、标签、说明书上使用绿色食品标志；在获证产品的广告宣传、展览展销等市场营销活动中使用绿色食品标志；在

图 9–1　绿色食品标志

农产品生产基地建设、农业标准化生产、产业化经营、农产品市场营销等方面优先享受相关扶持政策。

标志使用人在证书有效期内应当履行下列义务：严格执行绿色食品标准，保持绿色食品产地环境和产品质量稳定可靠；遵守标志使用合同及相关规定，规范使用绿色食品标志；积极配合县级以上人民政府农业农村主管部门的监督检查及其所属绿色食品工作机构的跟踪检查。未经中国绿色食品发展中心许可，任何单位和个人不得使用绿色食品标志。禁止将绿色食品标志用于非许可产品及其经营性活动。

中国绿色食品发展中心开展绿色食品认证和绿色食品标志许可工作，可收取绿色食品认证费和标志使用费。绿色食品认证费由申请获得绿色食品标志使用许可的企业在申请时缴纳，具体收费标准按有关规定执行。

在证书有效期内，标志使用人的单位名称、产品名称、产品商标等发生变化的，应当经省级工作机构审核后向中国绿色食品发展中心申请办理变更手续。产地环境、生产技术等条件发生变化，导致产品不再符合绿色食品标准要求的，标志使用人应当立即停止标志使用，并通过省级工作机构向中国绿色食品发展中心报告。

获得绿色食品标志使用权的产品在使用时，须严格按照《中国绿色食品商标标志设计使用规范手册（2021 版）》的规范要

求正确设计，并在中国绿色食品发展中心认定的单位印制。自2021年11月1日起，生鲜、散装等不适于在包装上印刷商标标志的产品可选用粘贴式标签。

第三节　有机产品的认证

有机产品是根据有机农业原则，生产过程绝对禁止使用人工合成的农药、化肥、色素生长调节剂和畜禽饲料添加剂等化学物质和采用对环境无害的方式生产、销售过程受专业认证机构全程监控，通过独立认证机构认证并颁发证书，销售总量受控制的一类真正纯天然、高品质、无污染、安全的健康食品。

一、有机产品标准

当前，我国有机产品的最新标准为《有机产品　生产、加工、标识与管理体系要求》（GB/T 19630—2019），适用于有机植物、动物和微生物产品的生产，有机食品、饲料和纺织品等的加工，有机产品的包装、储藏、运输、标识和销售。此外，我国还专门制定了《有机产品认证目录》，详细规定了可以进行认证的具体产品类别。

除了有机标准 GB/T 19630，我国还颁布了《有机产品认证实施规则》，规定了有机产品认证程序与管理的基本要求。2019年修订并颁布的实施规则简化了一些认证实践，例如，认证证书发放前无法采集样品并送检的，应在证书有效期内安排抽样检测并得到检测结果。产品生产、加工场所在境外，产品因出入境检验检疫要求等原因无法委托境内检验检测机构进行检测，可委托境外第三方检验检测机构进行检测。对于获得国外有机产品认证连续4年以上（含4年）的进口有机产品的国外种植基地，且认证机构现场检查确认其符合 GB/T 19630 要求，可在风险评估的基础上免除转换期。

二、有机产品认证

国家市场监督管理总局2022年修订的《有机产品认证管理办法》指出：有机产品认证是指认证机构依照本办法的规定，按照有机产品认证规则，对相关产品的生产、加工和销售活动符合中国有机产品国家标准进行的合格评定活动。国家市场监督管理总局负责全国有机产品认证的统一管理、监督和综合协调工作。地方市场监督管理部门负责所辖区域内有机产品认证活动的监督管理工作。国家推行统一的有机产品认证制度，实行统一的认证目录、统一的标准和认证实施规则、统一的认证标志。国家市场监督管理总局负责制定和调整有机产品认证目录、认证实施规则，并对外公布。

有机产品认证机构应当依法取得法人资格（以下简称认证机构），并经国家市场监督管理总局批准后，方可从事批准范围内的有机产品认证活动。目前认证机构众多，生产者在选择认证机构时一定要注意核实，该认证机构是否经过中国国家认证认可监督管理委员会（CNCA）、中国合格评定国家认可委员会等权威部门认可，拥有正式批准号等。下面以农业农村部主管的中绿华夏有机食品认证中心（China Organic Food Certification Center，简称 COFCC）的认证流程为例，说明申请认证有机产品的工作程序。

1. 申请

（1）申请人登陆 www. ofcc. org. cn 下载填写《有机产品认证申请书》和《有机产品认证调查表》，下载《有机产品认证书面资料清单》并按要求准备相关材料。

（2）申请人提交《有机产品认证申请书》《有机产品认证调查表》以及《有机产品认证书面资料清单》要求的文件，提出正式申请。

（3）申请人按 GB/T 19630—2019 国家标准第 4 部分的要求，建立本企业的质量管理体系、质量保证体系的技术措施和质量信息追踪及处理体系。

2. 文件审核

认证机构应当自收到申请材料之日起 10 日内，完成材料审核，并作出是否受理的决定。审核合格后，认证中心根据项目特点，依据认证收费细则，估算认证费用，向企业寄发《受理通知书》和《有机产品认证检查合同》（简称《检查合同》）。若审核不合格，认证中心通知申请人且当年不再受理其申请。申请人确认《受理通知书》后，与认证中心签订《检查合同》。根据《检查合同》的要求，申请人交纳相关费用，以保证认证前期工作的正常开展。

3. 实地检查

企业寄回《检查合同》及缴纳相关费用后，认证中心派出有资质的检查员。检查员应从认证中心取得申请人相关资料，依据《有机产品认证实施规则》的要求，对申请人的质量管理体系、生产过程控制、追踪体系以及产地、生产、加工、仓储、运输、贸易等进行实地检查评估。必要时，检查员需对土壤、产品抽样，由申请人将样品送指定的质检机构检测。

4. 撰写检查报告

检查员完成检查后，在规定时间内，按认证中心要求编写检查报告，并提交给认证中心。

5. 综合审查评估意见

认证中心根据申请人提供的申请表、调查表等相关材料以及检查员的检查报告和样品检验报告等进行综合评审，评审报告提交颁证委员会。

6. 颁证决定

颁证委员会对申请人的基本情况调查表、检查员的检查报告和认证中心的评估意见等材料进行全面审查，做出同意颁证、有条件颁证、有机转换颁证或拒绝颁证的决定。证书有效期为1年。

（1）同意颁证。申请内容完全符合有机标准，颁发有机证书。

（2）有条件颁证。申请内容基本符合有机产品标准，但某些方面尚需改进，在申请人书面承诺按要求进行改进以后，亦可颁发有机证书。

（3）有机转换颁证。申请人的基地进入转换期一年以上，并继续实施有机转换计划，颁发有机转换证书。从有机转换基地收获的产品，按照有机方式加工，可作为有机转换产品，即“有机转换产品”销售。

（4）拒绝颁证。申请内容达不到有机标准要求，颁证委员会拒绝颁证，并说明理由。

7. 颁证决定签发

颁证委员会做出颁证决定后，认证中心主任授权颁证委员会秘书处（认证二部）根据颁证委员会做出的结论在颁证报告上使用签名章，签发颁证决定。

8. 有机产品标志的使用

根据证书和《有机食（产）品标志使用章程》的要求，签订《有机食（产）品标志使用许可合同》，并办理有机/有机转换标志的使用手续。

9. 保持认证

有机产品认证证书有效期为1年，在新的年度里，COFCC

会向获证企业发出《保持认证通知》。获证企业在收到《保持认证通知》后，应按照要求提交认证材料、与联系人沟通确定实地检查时间并及时缴纳相关费用。保持认证的文件审核、实地检查、综合评审、颁证决定的程序同初次认证。

三、有机产品标志及管理

（一）有机产品标志的基本图案

有机产品标志由 3 部分组成，即外围的圆形、中间的种子图形及其周围的环形线条，如图 9-2 所示。标志外围的圆形形似地球，象征和谐、安全，圆形中的“中国有机产品”字样为中英文结合方式。既表示中国有机产品与世界同行，也有利于国内外消费者识别。标志中间类似于种子的图形代表生命萌发之际的勃勃生机，象征了有机产品是从种子开始的全过程认证，同时昭示出有机产品就如同刚刚萌发的种子，正在中国大地上茁壮成长。种子图形周围圆润自如的线条象征环形道路，与种子图形合并构成汉字“中”，体现出有机产品植根中国，有机之路越走越宽广。

（二）有机产品标志管理

中国有机产品认证标志应当在认证证书限定的产品类别、范围和数量内使用。

认证机构应当按照国家市场监督管理总局统一的编号规则，对每枚认证标志进行唯一编号（以下简称有机码），并采取有效防伪、追溯技术，确保发放的每枚认证标志能够溯源到其对应的认证证书和获证产品及其生产、加工单位。

获证产品的认证委托人应当在获证产品或者产品的最小销售包装上，加施中国有机产品认证标志、有机码和认证机构名称。

获证产品标签、说明书及广告宣传等材料上可以印制中国有

图 9-2　有机产品标志

机产品认证标志，并可以按照比例放大或者缩小，但不得变形、变色。

有下列情形之一的，任何单位和个人不得在产品、产品最小销售包装及其标签上标注含有“有机”“ORGANIC”等字样且可能误导公众认为该产品为有机产品的文字表述和图案：未获得有机产品认证的；获证产品在认证证书标明的生产、加工场所外进行了再次加工、分装、分割的。

认证证书暂停期间，获证产品的认证委托人应当暂停使用认证证书和认证标志；认证证书注销、撤销后，认证委托人应当向认证机构交回认证证书和未使用的认证标志。

第四节　农产品地理标志登记保护

农产品地理标志是指标示农产品来源于特定地域，产品品质和相关特征主要取决于自然生态环境和历史人文因素，并以地域

名称冠名的特有农产品标志。此处所称的农产品是指来源于农业的初级产品，即在农业活动中获得的植物、动物、微生物及其产品。

一、基本要求

农业部于2007年12月发布的《农产品地理标志管理办法》是专门针对农产品地理标志发布管理的行政法规。该办法规定，国家对农产品地理标志实行登记制度，经登记的农产品地理标志受法律保护。

（一）申请地理标志登记的农产品

农产品地理标志登记范围是指来源于农业的初级产品，并在《农产品地理标志登记审查准则》规定的目录覆盖的3大行业22个小类内。

申请农产品地理标志登记的农产品，应当符合下列条件：称谓由地理区域名称和农产品通用名称构成；产品有独特的品质特性或者特定的生产方式；产品品质和特色主要取决于独特的自然生态环境和人文历史因素；产品有限定的生产区域范围；产地环境、产品质量符合国家强制性技术规范要求。

（二）农产品地理标志登记申请人

农产品地理标志登记申请人资格由所在地的地方人民政府确定，具体工作由所在地的县级以上农业行政主管部门负责办理。登记申请人应为事业法人、社团法人等，不能为政府、企业和个人。登记申请人和标志使用人为同一主体的农民专业合作社暂不再作为登记申请人受理。

二、登记管理

（一）农产品地理标志登记管理工作负责人

农业农村部负责全国农产品地理标志的登记工作，农业农村部农产品质量安全中心负责农产品地理标志登记的审查和专家评审工作。省级人民政府农业农村主管部门负责本行政区域内农产品地理标志登记申请的受理和初审工作。农业农村部设立的农产品地理标志登记专家评审委员会负责专家评审。农产品地理标志登记专家评审委员会由种植业、畜牧业、渔业和农产品质量安全等方面的专家组成。

（二）农产品地理标志登记管理的申请材料

符合农产品地理标志登记条件的申请人，可以向省级人民政府农业农村主管部门提出登记申请，并提交下列申请材料：登记申请书；申请人资质证明；产品典型特征特性描述和相应产品品质鉴定报告；产地环境条件、生产技术规范和产品质量安全技术规范；地域范围确定性文件和生产地域分布图；产品实物样品或者样品图片；其他必要的说明性或者证明性材料。

（三）农产品地理标志登记管理的审查

省级人民政府农业农村主管部门自受理农产品地理标志登记申请之日起，应当在 45 个工作日内完成申请材料的初审和现场核查，并提出初审意见。符合条件的，将申请材料和初审意见报送农业农村部农产品质量安全中心；不符合条件的，应当在提出初审意见之日起 10 个工作日内将相关意见和建议通知申请人。

农业农村部农产品质量安全中心应当自收到申请材料和初审意见之日起 20 个工作日内，对申请材料进行审查，提出审查意见，并组织专家评审。经专家评审通过的，由农业农村部农产品质量安全中心代表农业农村部对社会公示。有关单位和个人有异议的，应当自公示截止日起 20 日内向农业农村部农产品质量安全中心提出。公示无异议的，由农业农村部做出登记决定并公告，颁发《中华人民共和国农产品地理标志登记证书》，公布登

记产品相关技术规范和标准。专家评审没有通过的，由农业农村部做出不予登记的决定，书面通知申请人，并说明理由。

（四）农产品地理标志登记证书使用

农产品地理标志登记证书长期有效。有下列情形之一的，登记证书持有人应当按照规定程序提出变更申请：登记证书持有人或者法定代表人发生变化的；地域范围或者相应自然生态环境发生变化的。

三、标志及使用

（一）农产品地理标志公共标识图案

农产品地理标志实行公共标识与地域产品名称相结合的标注制度。

公共标识图案由中华人民共和国农业农村部中英文字样、农产品地理标志中英文字样、麦穗、地球、日月等元素构成（图9-3）。公共标识的核心元素为麦穗、地球、日月相互辉映，体现了农业、自然、国际化的内涵。标识的颜色由绿色和橙色组成，绿色象征农业和环保，橙色寓意丰收和成熟。

（二）农产品地理标志的使用

1. 农产品地理标志使用的申请

符合下列条件的单位和个人，可以向登记证书持有人申请使用农产品地理标志：生产经营的农产品产自登记确定的地域范围；已取得登记农产品相关的生产经营资质；能够严格按照规定的质量技术规范组织开展生产经营活动；具有地理标志农产品市场开发经营能力。

2. 农产品地理标志使用的规定

使用农产品地理标志，应当按照生产经营年度与登记证书持有人签订农产品地理标志使用协议，在协议中载明使用的数量、

图 9-3　农产品地理标志公共标识图案

范围及相关的责任义务。

农产品地理标志登记证书持有人不得向农产品地理标志使用人收取使用费。

3. 农产品地理标志使用人享有的权利

（1）可以在产品及其包装上使用农产品地理标志。

（2）可以使用登记的农产品地理标志进行宣传和参加展览、展示及展销。

4. 农产品地理标志使用人应当履行的义务

（1）自觉接受登记证书持有人的监督检查。

（2）保证地理标志农产品的品质和信誉。

（3）正确规范地使用农产品地理标志。

5. 监督管理

县级以上人民政府农业农村主管部门应当加强农产品地理标志监督管理工作，定期对登记的地理标志农产品的地域范围、标志使用等进行监督检查。

登记的地理标志农产品或登记证书持有人不符合规定的，由农业农村部注销其地理标志登记证书并对外公告。

对伪造、冒用农产品地理标志和登记证书的单位和个人，由县级以上人民政府农业农村主管部门依照《中华人民共和国农产品质量安全法》有关规定进行处罚。

第五节　承诺达标合格证开具

一、承诺达标合格证的规范开具

（一）承诺达标合格证样式

自 2019 年农业农村部在全国试行食用农产品合格证制度以来，各地农业农村部门积极推进，压实了生产主体责任，促进了产管衔接，进一步完善了农产品质量安全监管措施，取得了阶段性成效。在试行过程中，合格证样式和内容不断完善，各级农业农村部门对此也做了积极探索。为进一步明确制度的核心要求与目标，农业农村部将合格证名称由“食用农产品合格证”调整为“承诺达标合格证”，并对合格证参考样式做了进一步优化，新版样式（图 9-4）主要有以下调整。

1. 体现“达标”内涵

“达标”内涵即生产过程落实质量安全控制措施、附带承诺达标合格证的上市农产品符合食品安全国家标准。现阶段，承诺达标合格证的“达标”主要聚焦不使用禁用农药兽药、停用兽药和非法添加物，常规农药兽药残留不超标等方面。

2. 突出“承诺”要义

承诺达标合格证是承诺证，首先要展示承诺内容。新版承诺达标合格证参考样式，在全国试行方案中合格证参考样式的基础

承诺达标合格证

我承诺对生产销售的食用农产品：

□不使用禁用农药兽药、停用兽药和非法添加物

□常规农药兽药残留不超标

□对承诺的真实性负责

承诺依据：

□委托检测　　　　　　　　□自我检测

□内部质量控制　　　　　　□自我承诺

———————————————————————

产品名称：　　　　　　数量（重量）：

产　　地：

生产者盖章或签名：

联系方式：

开具日期：　　　年　　月　　日

图 9-4　承诺达标合格证

上，调整了承诺内容和基本信息的位置，将承诺内容放在承诺达标合格证最上端，生产者及农产品信息放后。

3. 调整承诺内容

明确是"对生产销售的食用农产品"作出承诺。将承诺内容中"遵守农药安全间隔期、兽药休药期规定"调整为"常规农药兽药残留不超标"。

4. 增加承诺依据

增加可勾选的“委托检测、自我检测、内部质量控制、自我承诺”4项承诺依据。生产主体开具承诺达标合格证时，根据实际情况勾选一项或多项。

（二）确保承诺达标合格证规范有效开具

承诺达标合格证要坚持“谁生产、谁用药、谁承诺”的原则，由种植养殖者作出承诺，勾选选项、自主开具，乡镇农产品质量安全监管公共服务机构、村（社区）委员会、检测机构、农产品批发市场等不应代替种植养殖者开具。

（三）加强电子承诺达标合格证开具管理

各级农业农村部门推广电子承诺达标合格证，将承诺达标合格证与农产品追溯一体化推进，取得了积极成效。以二维码等形式开具承诺达标合格证的，要坚持基本原则和要求：一是二维码标识上或四周要明确展示“承诺达标合格证”字样；二是扫码后的内容中，首先要展示承诺达标合格证的名称、承诺声明、承诺依据等完整信息，接下来再展示企业简介、品牌宣传等内容。

二、农产品生产主体质量安全控制基本要求

根据《中华人民共和国农产品质量安全法》《农药管理条例》《兽药管理条例》等有关法律法规及《农业农村部关于印发〈全国试行食用农产品达标合格证制度实施方案〉的通知》要求，生产者应当履行农产品质量安全第一责任，试行承诺达标合格证的生产主体应在严格落实质量控制相关要求的基础上开具承诺达标合格证，具体要求如下。

（一）食用农产品生产企业、农民专业合作社、家庭农场质量安全控制要求

1. 内部质量控制人员

（1）至少有一名内部质量控制人员负责生产过程的质量管

理，内部质量控制人员应当定期接受农产品质量安全知识培训，熟知国家农产品质量安全管理要求和标准化生产操作规范并积极推动实施落实。

(2) 建立质量安全责任制，明确管理人员和重点岗位人员职责要求，关键岗位生产人员健康证齐全且有效（适用时）；国家对相关产品生产、加工从业人员有其他要求的应执行国家相关规定。

(3) 定期对内部员工、社员农户等进行质量安全生产管理与技术培训。

2. 产地环境管理

产地环境条件应符合相关产品产地环境标准要求，不在特定农产品禁止生产区域生产特定农产品。产地周边环境清洁，无生产及生活废弃物，水源清洁，无对农业生产活动和产地造成危害或潜在危害的污染源，畜牧业生产主体应建有病死畜禽、污水、粪便等污染物无害化处理设备设施且运转有效。水产养殖主体应开展养殖尾水净化，排放的废水应达到相关排放标准。

3. 质量控制措施和管理制度

(1) 建立或收集与所生产农产品质量安全相关的产地环境、生产过程、收储运等全过程质量安全控制技术规程和产品质量标准，收集并保存农产品质量安全相关法律法规及现行有效的有关标准文件。

(2) 农民专业合作社应建立农户名册，包括农户名单、地址、产品类型、具体种类名称、种植养殖规模等信息；应与合作农户签署合作协议，明确农产品质量安全管理及处罚措施。

(3) 建立并落实关键环节质量控制措施、人员培训制度、基地农户管理制度（适用时）、卫生防疫制度和消毒制度（畜牧业适用）、动物疫病及植物病虫害安全防治制度、投入品管理制

度以及产地环境保护措施等；分户生产的，还应建立农业投入品统一管理和产品统一销售制度。

（4）在种植、养殖区范围内合适位置明示国家禁用农药兽药、停用兽药和非法添加物清单。

（5）产品收获、出栏应严格执行农药安全间隔期、兽药休药期规定。

（6）建立生产过程记录、销售记录等并存档，生产过程记录应包括使用农业投入品的名称、来源、用法、用量和使用、停用日期，动物疫病、植物病虫草害的发生和防治情况，收获、出栏、屠宰或捕捞日期等信息。生产记录档案至少保存两年。

（7）鼓励使用信息化、智能化手段保存记录档案。

4. 农业投入品管理

（1）通过正规渠道购买农业投入品，不购买、使用、贮存国家禁停用的农业投入品，索取并保存购买凭据等证明资料。

（2）养殖者自行配制饲料的，严禁在自配料中添加禁用药物、禁用物质以及其他有毒有害物质。

（3）进行自繁种源时应符合国家相关规定。自制或收集的其他投入品，应符合相关法律法规和技术标准要求。

（4）配备符合要求的投入品贮存仓库或安全存放的相应设施，按产品标签规定的贮存条件分类存放，根据要求采用隔离（如墙、隔板）等方式防止交叉污染，有醒目标记，专人管理。

（5）配有具备一定专业知识和技术能力的农技人员指导员工规范生产，遵守投入品使用要求，选择合适的施用器械，适时、适量、科学合理使用投入品。对变质和过期的投入品做好标记，回收隔离禁用并安全处置。

5. 废弃物和污染物管理

（1）设立废弃物存放区，对不同类型废弃物分类存放并按规定处置，保持清洁。

（2）及时收集质量安全不合格产品、病死畜禽、粪便等污染物并进行无害化处理，有条件的应当建立收集点集中安全处理。

6. 产品质量

销售的农产品质量应符合食品安全国家标准。有条件的生产主体在产品上市前要开展自检或委托检测。

7. 包装和标识

包装的农产品应防止机械损伤和二次污染。包装和标识材料符合国家强制性技术规范要求，安全、卫生、环保、无毒，无挥发性物质产生。

8. 产后处理

（1）产后处理和储藏区域设有有害生物（老鼠、昆虫等）防范措施，定期对员工进行卫生知识培训和健康检查，及时清洁和保养设施设备。

（2）使用的防腐剂、保鲜剂、添加剂、消毒剂，应符合国家强制性规范要求并按规定合理使用、储存，同时做好记录。

（3）根据农产品的特点和卫生需要选择适宜的贮藏和运输条件，必要时应配备保温、冷藏、保鲜等设施。不与农业投入品及有毒、有害、有异味的物品混装混放。

（二）种养大户、小农户质量安全控制要求

（1）应经过一定的农产品质量安全知识培训，了解和掌握国家农产品质量安全管理要求及相关标准化生产知识。

（2）产地环境条件应符合相关产品产地环境标准要求，不在特定农产品禁止生产区域生产特定农产品。产地周边环境清洁，无生产及生活废弃物，水源清洁，无对农业生产活动和产地造成危害或潜在危害的污染源。

（3）通过正规渠道、在具有合法经营资质的经销商处采购农药、兽药、饲料和饲料添加剂等农业投入品，保留购货凭证，对投入品实行定点存放，并做好记录。

（4）不使用国家禁用农药兽药、停用兽药和过期的农业投入品，不使用非法添加物，严格执行安全间隔期、休药期等规定。

（5）建立生产过程记录并存档，包括使用农业投入品的名称、来源、用法、用量和使用、停用日期，收获、出栏、屠宰或捕捞日期等信息记录。记录档案至少保存两年。

（6）养殖者自行配制饲料的，严禁在自配料中添加禁用药物、禁用物质以及其他有毒有害物质。

（7）使用符合要求的工具及容器采收、运输、存储农产品，收获的农产品应与农药、兽药、饲料等农业投入品分开储存。

（8）销售的农产品质量应符合食品安全国家标准。有条件的，在产品上市前鼓励开展自检或委托检测。

（9）包装的农产品应防止机械损伤和二次污染。包装和标识材料符合国家强制性技术规范要求，安全、卫生、环保、无毒，无挥发性物质产生。

（10）产品贮运应符合有关规定，有专门的产品贮藏场所，保持通风、清洁卫生、无异味，并注意防鼠、防潮，不与农业投入品及有毒、有害、有异味的物品混装混放。

（11）农药包装废弃物、质量安全不合格产品、病死畜禽等污染物应分类收集并按规定进行无害化处理。

（12）使用的防腐剂、保鲜剂、添加剂、消毒剂，应符合国家强制性规范要求并按规定合理使用、做好记录。

参考文献

艾文喜，姜河，梁卫东，2019. 农业标准化与农产品质量安全［M］. 北京：中国农业科学技术出版社.

陈南凯，2015. 农产品质量安全法律法规知识及监管工作手册［M］. 昆明：云南科技出版社.

程方，2006. 良好农业规范实施指南（一）［M］. 北京：中国标准出版社.

杜相革，2011. 农产品安全生产技术［M］. 北京：中国农业大学出版社.

郝建强，2015. 农产品质量安全［M］. 北京：中国农业科学技术出版社.

贾玉娟，2017. 农产品质量安全［M］. 重庆：重庆大学出版社.

邵玉丽，刘玉惠，胡波，2020. 农产品质量安全与农业品牌化建设［M］. 北京：中国农业科学技术出版社.

尹凯丹，2021. 农产品安全与质量控制［M］. 北京：化学工业出版社.